쉬 ·엉

이지 city

city

다낭·호이안

CONTENTS

DA NANG
다낭

HOI AN
호이안

HUE
훼

STAY
숙소

PLANNING
여행 준비

저자 소개
_ 양신혜

초등학교 교사로 근무하다가 2012년 3월,
세계 일주를 떠났다. 여행 중 우연히 배낭여행
인솔자로 전업하여 일과 여행의 경계 없이
즐겁게 산다. 오늘 죽어도 아쉬울 것 없는 삶에
감사하며, 인도 우다이푸르를 베이스 삼아
세계를 떠돌고 있다.
KBS 〈걸어서 세계 속으로〉 베트남 여행
자문단으로 활동 중이고 저서로는 인도
가이드북 《인조이 인도》가 있다.

독도해금소녀의 세계일주이야기
www.iamlassi.co.kr
인스타그램 @iamlassi

책을 펴내며

처음 다낭을 제안받았을 때, 쉽게 결정할 수 있었던 것은
순전히 맛있는 베트남 음식을 많이 먹을 수 있을 거란 행복한
상상 때문이었어요. 다낭에서 석 달을 보내며 발길이 닿지 않은
곳이 없지만 아직도 주말이 다가오면 '다낭 갈까?' 하는 생각에
항공권을 확인하게 됩니다. 처음보다 두 번째에 더 많은 다낭을
보았고 두 번째보다 세 번째에 더 많은 사람을 만났기에 언제나
그리운 다낭. 다낭의 매력에 폭 빠지는 찰나 《이지 시티 다낭》이
여러분의 손에 들려 있기길 바랍니다.

좋은 책 함께 만들어 보자고 아낌없는 응원과 지원해 주신
이지앤북스 송민지 대표님과 이지앤북스 식구 여러분 고생
많으셨고 깊이 감사드립니다. 제주에서, 치앙마이에서
응원해 준 메밀꽃부부, 라씨 게스트하우스 잘 돌봐 준 Hitesh,
Chandu di, Lokesh, 존경하는 문래초 박상준 교감 선생님,
조지아 커피 J1, 갈 때마다 반겨 준 다낭 친구들 Cảm ơn!
Daniele, Loan, Kim, Alex, Nam, Hung, Michiel, Thuy,
나의 정신적 지주 이홍석 작가님, 잘 다니던 회사를 그만두고
세계 일주를 떠난 처방지축 딸내미를 항상 응원해 주는 엄빠,
은경 이모, 언제나 든든한 내 편 고구마 정주희, 감자 손수미,
딱따구리 수경 언니, 제니크 플라워 주예, 최고의 변호사 정모,
이모가 외국인인 줄 아는
우리 민서, 혜민, 지민, 지훈, 성훈 외 14명의 조카들.
Mera pyara bhartiya parivar aur Ravi jaan
모두 감사하고 사랑합니다.

정보 수집

이 책은 2018년 11월까지의 정보를 바탕으로 서술하였습니다. 주요 관광지의 위치는 바뀔 일이 거의 없겠지만, 다낭은 최근 급속도로 변화하고 있기에 책에 기재된 일부 레스토랑, 카페 등이 이전하였거나, 상호 변경 및 폐업했을 가능성이 있습니다. 방문 전 운영 여부를 확인해 보시기 바랍니다.

외국어 표기

각 스폿마다 표기된 이름은 베트남식 발음을 사용하였으나 잘 알려진 발음이 있을 경우 함께 기재했습니다. 예를 들어, 냐짱이 나트랑으로 불리는 것처럼 선짜 반도는 손트라 반도로 불리기도 하니 인터넷으로 검색할 경우 두 표현 모두 검색하는 것이 좋습니다.

교통 정보

다낭은 지하철이 없고 대중교통이 많이 이용되지 않지만 택시비가 저렴하기 때문에 목적지를 헤매지 않고 손쉽게 찾아갈 수 있습니다. 다낭은 사기 청정 구역이긴 하지만 관광객이 늘며 악명 높은 베트남의 택시 사기 수법이 늘어나고 있으니 카카오 택시와 같은 그랩^{Grab} 앱을 이용할 것을 권장합니다.

여행 일정

여행 일정은 동선이 편리한 코스와 취향 따라 여행하는 테마로 나누었습니다. 다낭, 호이안을 여행하는 3박 5일 일정과 다낭, 호이안, 훼를 여행하는 4박 6일 코스, 그리고 베트남 역사의 발자취를 따라가는 코스, 여러 가지 액티비티에 참여하는 코스를 소개하고 있으니 관심사에 따라 여러 코스를 조합해 나만의 루트를 만들어 보세요.

예산 표기 방식

예산은 일반적인 베트남 동의 화폐 표기 đ을 사용했습니다. 10만 동(약 5,000원) 이하는 'đ', 10만~100만 동(약 5,000원~5만 원) 사이는 'đđ', 100만 동(약 5만 원) 이상은 'đđđ'로 표기하였습니다.

숙소 정보

다낭의 숙소는 크게 리조트와 호텔 그리고 호스텔로 나눌 수 있습니다. 다낭 여행의 꽃은 리조트라 불릴 만큼 리조트에서 누릴 수 있는 것이 많지만 호텔 혹은 호스텔에 비해 비용이 부담스러울 수 있으니 하루 종일 부대시설을 누릴 수 있는 날에는 리조트를 늦은 시간에 도착하는 첫날에는 저렴한 호텔이나 호스텔을 예약하는 것도 좋은 방법입니다.

지도 아이콘

| 🎯 관광지 | 🏨 호텔 | 🛍 쇼핑 |
| 🍴 레스토랑 | 🍸 바,클럽 | ☕ 카페 |

1

Preview

다낭·호이안·훼 미리보기

Unesco · Street · Night · Beach · Resort · Spa Nail
Cafe · Food · Market · Pharmacy · Mart

유네스코 세계문화유산 찾기

① 호이안 구시가지 1999년 지정

호이안은 1세기 동남아시아에서 가장 큰 규모의 항구가
있었고 15세기부터는 바다의 실크로드라 불릴 만큼 중요
한 국제 무역의 거점이었다. 전 세계 수많은 나라와 무역
이 이루어졌기에 동서양의 문화가 묘하게 어우러진 모습
을 도시 곳곳에서 찾아볼 수 있다.(p.132)

② 미 썬 유적 1999년 지정

아름다운 산이라는 뜻의 미 썬은 힌두교의 시바 신을 모
시기 위해 4세기 후반부터 13세기까지 지어진 곳으로, 인
도차이나 반도에서 가장 오래된 유적군이었지만 대규모
화재와 미국 전쟁 당시 폭격에 의해 대부분 파괴되어 현
재까지 복원 공사가 진행 중이다.(p.176)

휴양지로서의 다낭도 매력적이지만, 베트남의 숨결을 고스란히 간직하고 있는 근교의 유네스코 세계문화유산들은 다낭 여행을 더욱 매력적으로 만든다.

③ 훼 기념물 복합지구 1993년 지정

응우옌 왕조의 흔적이 남아 있는 역사의 도시, 훼. 1802년부터 1945년까지 응우옌 왕조의 시간을 고스란히 간직하고 있다. 리조트 붐과 함께 다낭의 인기가 치솟으며 잠깐 스쳐가는 근교 여행지로 인식되지만 그러기에 훼는 너무나도 매혹적이다.(p.184)

④ 퐁냐께방 국립공원 2003년 지정

베트남 꽝빈주에 있는 국립공원으로, 면적은 약 8만 6,000ha에 달하며 공원의 무려 94%가 원시림으로 이루어져 있다. 또한, 크고 작은 300여 개의 동굴이 있는데 아직 자세한 연구는 이루어지지 않았으나 퐁냐 동굴, 티엔손 동굴, 봄 동굴 등 일부는 개발되어 있으며, 몽환적인 풍광으로 방문객들을 매료한다. 다낭에서 차로 약 6시간이 걸린다.

④

STREET

골목골목 거리 구경

어딜 가도 초록초록, 다낭 거리

다낭 하면 가장 먼저 떠오르는 코 끝에 맴도는 싱그러움. 나이를 알 수 없을 만큼 오래된 나무들이 시원한 그늘을 만들어 주는 시내, 그리고 쭉 뻗은 야자수가 가득한 해변가에서 여행 감성을 한껏 느낄 수 있다. 바쁜 일상에 지친 몸과 마음을 힐링해 줄 돈 주고도 못 사는 초록빛 싱그러움을 듬뿍 만끽해 보자. 심지어 택시도 초록색이라니!

골목 전체가 유네스코 세계문화유산, 호이안 거리

다낭 여행의 8할은 호이안이라는 말이 있을 만큼 다양한 볼거리와 예스러운 풍
경은 누구라도 만족할 만하다. 그 옛날, 선조들이 복작복작 살던 공간을 그대로
유지하며 자신의 색채를 덧칠하는 그들의 모습을 보면 타임머신을 타고 과거로
돌아간 듯한 기분마저 든다. 무역의 중심지였던 곳으로 다양한 문화가 뒤섞여
호이안만의 문화가 생겨났기에 베트남 어디에서도 보기 힘든 독특한 모습을 볼
수 있다.

NIGHT
화려한 밤, 분위기에 취하다

①

 다낭의 밤은 낮보다 아름답다

땅거미가 내려오면 한낮의 모습은 온데간데없이 사라진
다. 한강을 따라 빼곡히 들어선 펍과 클럽에는 흥겨운 음
악이 흘러나오고 루프톱 바에서는 멋진 야경을 감상할 수
있다. 놀라운 것은 이 모든 곳이 도보로 이동 가능하다는
것. 다낭 만세!

① 노보텔 스카이 36
Novotel Sky 36

노보텔 호텔 36층에 위치한 곳으로 바와 클럽의 경계선을 넘나든다. 가장 멋진 한강 야경을 조망할 수 있는 곳이지만 비싼 가격 탓에 주류보다는 간단한 음료를 즐기며 야경을 즐기러 가기 좋다. 자정을 기점으로 흥겨운 분위기가 시작되고 슬리퍼나 너무 편한 복장은 입장이 불가하다.

Address 36 Bạch Đằng
Open   18:00~02:00
GPS   16.07733, 108.22364
Web   www.sky36.vn

② 탑 바
Top Bar

싱가포르에 마리나 베이 샌드 호텔이 있다면 다낭에는 알라 카르테 호텔의 탑 바가 있다. 바다가 내려다보이는 루프톱의 인피니티풀에 둥둥 떠서 칵테일을 즐기면 신선이 따로 없다. 단, 패키지 단체 손님까지 찾을 만큼 유명한 곳이니 여기저기 들리는 한국어는 감수해야 한다.

Address 200 Võ Nguyên Giáp, Phước Mỹ
Open   18:00~01:00
GPS   16.068762, 108.244883
Web   www.alacartedanangbeach.com

③ 골든 파인
Golden Pine

다낭에서 가장 늦게까지 문을 여는 펍으로 다른 곳에서 놀다가 2차, 3차를 하러 오는 여행자가 많다. 병맥주 하나 들고 테이블 사이, 길거리 가릴 것 없이 춤추는 사람들과 함께 흥겨운 분위기를 즐길 수 있는, 특히 서양인 여행자가 즐겨 찾는 곳이다. 이곳보다 조금 덜 붐비는 곳을 원한다면 밤부 2 바(p.108)를 추천한다.

Address 52 Bạch Đằng
Open   19:00~04:00
GPS   16.0726, 108.22472

④ 오큐 바
OQ. Bar

클럽과 라운지가 섞인 곳으로 다낭 현지인이 즐겨 찾는 곳이다. 춤추며 몸 좀 풀어야 한다는 여행자에게 추천할 만한 곳으로 이곳과 뉴 풍동New Phuong Dong이 가장 인기가 많은 편이다. 노보텔에서 야경 구경하고 오큐에서 놀다가 골든 파인으로 옮겨가는 동선이 가장 좋다.

Address 18~20 Bạch Đằng
Open   19:00~02:00
GPS   16.0795, 108.22371

밤에만 볼 수 있는 호이안의 진면목

지브리의 애니메이션 〈센과 치히로의 행방불명〉처럼 낮과 밤, 전혀 다른 매력을 뽐내는 호이안. 이곳의 야경을 보지 않았다면 호이안을 반 밖에 보지 못한 것이나 다름없다. 세월의 흔적이 묻어나는 골목도 아름답지만 밤이 되면 거리에 걸린 등이 켜지며 전혀 다른 세상이 펼쳐진다. 야시장 구경 후 투본 강변 응우옌 푸 쭈Nguyễn Phúc Chu 거리를 따라 들어선 펍에서 한잔하며 아름다운 호이안의 야경을 즐겨 보자.

① 카고 클럽
Cargo Club

카고 클럽의 진가는 어둠이 내려앉는 밤이 되어야 알 수 있다. 낮에는 크게 눈에 띄지 않던 조형물에 불을 밝혀 다른 매력을 뽐내는 안 호이 다리와 투본강에 띄운 수많은 소원등이 유유히 떠내려가는 모습은 놓치기 아까울 만큼 매혹적이다.

Address 107~109 Nguyễn Thái Học
Open 08:00~23:00
GPS 15.87648, 108.3275

② 타이거 타이거
Tiger Tiger

자타 공인, 호이안 최고의 펍! 테이블 사이로 지나가기도 어려울 만큼 많은 사람이 몰리는 곳으로 흥겨운 음악과 다국적 여행자들과 함께 어울리기 좋은 곳이다. 시끌벅적한 분위기와 함께 잊지 못할 추억을 쌓아 보자.

Address 1Phường Minh An
Open 18:00~00:00
GPS 15.87617, 108.32483

③ 펑키 멍키
Funky Monkey

타이거 타이거가 급부상하기 전까지 가장 인기가 많던 곳으로 여전히 분위기는 좋은 편이다. 타이거 타이거에는 워낙 사람이 많아서 자리를 잡기 어려운 경우도 많은데 그럴 때 대체할 수 있는 곳 중 가장 추천하고 싶은 곳이다.

Address 73, Nguyễn Phúc Chu
Open 18:00~00:00
GPS 15.87608, 108.32596

Tip **알아두면 유용한 꿀팁**
호이안의 대부분 펍은 치안을 위해 자정을 기점으로 문을
닫지만 와이낫 바Why Not Bar(GPS 15.87785, 108.33548)와 올
드 앤 뉴 바Old And New Bar(GPS 15.8741, 108.333)는 새벽 늦도
록 문을 열어 둔다. 하지만 으슥한 골목이 많은 호이안의 밤
은 그리 안전한 편이 아니니 되도록이면 자정을 넘기지 않
는 것이 좋다.

다낭 VS 호이안 해변

DA NANG
MY KHE

미케 해변
긴 해안선을 뽐내는 미케 해변은
미국과의 전쟁 당시 미군의 휴양소로 사용되었던 곳으로
여러 매체를 통해 매력적인 해변에 선정되며
유명세를 얻고 있다.
(p.111)

HOI AN
AN BANG

안방 해변
다낭과 호이안을 통틀어 가장 늘어지기 좋은 곳으로
서양인 장기 여행자들이 주로 머무는 곳이다.
해안가를 따라 레스토랑과 바가 조성되어 있다.
(p.171)

RESORT

다낭&호이안 리조트 즐기기

물가는 저렴해도 시설은 초특급!

리조트 하나만 잘 골라도 다낭 여행은 성공이라 할 수 있을 만큼 알차고
실속 있는 다낭 리조트. 매일 해변에서 펼쳐지는 무료 요가, 태극권 등
다양한 운동과 서핑, 패들 보드, 패러 세일링 등 다양한 액티비티에 참
가할 수 있다. 아이들을 위한 키즈 클럽은 물론 스파를 무료로 받을 수
있는 스파 인클루시브도 있으니 취향껏 골라 보자!

조식 즐기기 햇살을 가득 받으며 잠에서 깨어 맛있는 조식을 즐기는 것은
여행자의 로망. 몇몇 호텔은 해변이나 룸서비스, 혹은 원하는 곳이라면
어디서나 즐길 수 있는 조식 서비스를 제공하니 이번 기회에 여행자의
로망을 실현해 보자.

카바나 흰 천을 늘어뜨린 카바나에 누워 바다를 바라보고 살랑살랑 불어
오는 바람을 맞으며 맛있는 음식이나 화려한 애프터눈 티를 즐기면 이
보다 완벽한 휴식은 없다는 생각이 든다. 아무것도 하지 않을 자유, 다
낭에서 누리자!

스파 즐기기 다낭 리조트는 모두 스파 시설을 갖추고 있다. 1박당 한 번이
나 두 번, 무료 스파가 포함되어 있는 리조트가 있고 시설은 물론 마사
지사의 실력도 괜찮은 편이다.

키즈 클럽 다낭의 리조트는 대부분 아이들을 위한 키즈 클럽과 다양한 프
로그램이 준비되어 있다. 장난감부터 종이접기, 페이스 페인팅, 팔찌 만
들기, 수영 강습, 플레이스테이션 등 아이들이 즐거워할 만한 놀 거리가
한가득! 리조트에 따라 유료 베이비시터 신청이 가능한 곳도 있다.

무료 셔틀 서비스 호이안과 다낭의 리조트를 오가는 무료 셔틀버스를 운
행하는 곳이 많다. 대부분 몇 시간 전에 미리 예약해야 하고 체크아웃
후 호이안으로 이동할 때에도 이용할 수 있다. 예약 시 출발 시각과 돌
아오는 시각을 모두 예약해야 한다. 호이안뿐 아니라 다낭 시내 곳곳을
연결하는 셔틀버스를 운영하는 곳도 있으니 여행 스타일에 맞춰 다양한
혜택을 살펴보자.

가성비 좋은 다낭 스파 & 네일 아트

네일과 스파를 한 공간에서
① 오드리 네일 앤 스파 Audry nail & spa

한국인 부부가 운영하는 곳으로 네일과 스파를 같이 받을 수 있다. 1, 2층은 네일, 3층은 네일 아카데미, 4, 5층은 스파, 6층은 수비니어로 카카오톡을 통해 예약할 수 있어서 편리하고 서비스와 시설에 대한 만족도가 높은 편이다. 다낭의 네일 아트는 한국보다 훨씬 저렴하지만 퀄리티가 좋은 편이라 이곳에서 여행을 시작하면 예쁘게 정리한 네일과 함께 여행 기분을 한껏 고조시킬 수 있다. 인스타그램 해쉬태그를 통해 마음에 드는 디자인을 미리 고르면 시간을 단축할 수 있다.

Address 06 Đ. Lý Thánh Tông, An Hải Bắc, Sơn Trà
Tel 90-597-25-57 / KakaoTalk audreyspa146
Open 09:00~20:00 / Cost đ̲d̲
GPS 16.071362, 108.236867

시설도 실력도 굿!
② 살렘 스파 가든 2호점 Salem Spa Garden

시내와 가까운 살렘 스파의 2호점이다. 이름처럼 아기자기한 정원이 있고 깔끔한 시설을 자랑한다. 무엇보다 마사지사의 실력이 굉장하다. 개개인의 취향에 따라 적당한 압의 마사지를 받을 수 있고 포인트를 정확히 눌러서 매우 시원하다. 스크럽이 포함된 마사지를 받으면 사우나를 이용할 수 있고 탈의실 내 샤워 시설이 있어서 편리하다. 탈의실에는 개인 사물함과 샤워실이 3개 있고 샴푸와 바디 워시, 헤어드라이어, 빗, 면봉이 갖춰져 있다. 처음 도착하면 웰컴 드링크를, 마사지가 끝나면 죽과 주스를 제공한다. 시내에서 도보로 이동할 수 없지만 아시아 파크와 롯데 마트 근처에 있으니 함께 묶어서 이용하는 것이 좋다.

Address 528 2 Tháng 9, Hải Châu
Tel 0236-3638-888
Open 09:00~22:30
Access 롯데 마트에서 도보 10분
Web www.salemspa.com.vn
Cost đ̲d̲
GPS 16.0339, 108.22405

한국 승무원들의 단골집
③ 다낭 쿨스파 Cool Spa

모든 마사지사가 엄격한 심사를 통해 선발되었다는 점이 이곳의 가장 큰 장점. 태국 마사지를 방불케 하는 실력으로 압과 혈 자리를 정확히 누른다. 용교 근처에 있어 더운 날씨를 피해 잠깐 다녀오기에도 안성맞춤이다.

시원한 태국 마사지를 받고 싶다면!
④ 엘 스파 L Spa

추천하고 싶은 프로그램은 타이 마사지. 도착하면 생수 한 병을 제공하고 마사지를 마치면 따뜻한 차와 과자를 내어 준다. 만족도를 세 단계로 나누어 단계별로 팁을 지불하도록 하는 합리적인 시스템이 갖추어져 있다.

오이 마사지는 덤
⑤ 라 스파 La Spa

저렴한 호스텔, 바니스 바로 옆에 위치한 곳으로 전신 마사지와 발 마사지 중 고를 수 있다. 시간은 60분, 90분으로 나뉘며 마사지 전 족욕을 하고 마사지를 받는 동안 얼굴에 오이 자른 것을 붙여 준다.

Address	84 Ngo Quyen, San Tra
Tel	070-5044-8834 / KakaoTalk coolspa
Open	10:30~22:30 / Cost đđ
Access	용교에서 도보 9분
GPS	16.06454, 108.23323

Address	05 An Thuong 4, Mỹ An
Tel	0236-3959-093 / Open 10:00~22:00
Access	미케 해변에서 도보 8분
Web	mylinhlspadanang.com / Cost đđ
GPS	16.04921, 108.24652

Address	129 Trần Hưng Đạo, Nại Hiên Đông, Sơn Trà
Tel	0236-3575-700
Open	11:00~22:00 / Cost đđ
Access	한강교에서 도보 10분
GPS	16.08015, 108.229

CAFE

베트남 커피 완전 정복

알고 마시면
더 맛있는 베트남 커피

커피 잔 위에 커피 핀이라고 불리는 알루미늄
드리퍼를 올려서 나오는 경우가 많은데 바닥에
작은 구멍이 뚫린 커피 핀 안에는 곱게 간 원두와
뜨거운 물이 담겨 있으니 조심하자. 커피를
모두 내린 후 뚜껑을 뒤집어서 바닥에 놓고
그 위에 드리퍼를 올려놓으면 된다. 진하게
내린 에스프레소를 그대로 마시거나 연유를
넣어 달콤하게 즐기기도 한다. 시원한 커피를
주문하면 얼음이 담긴 컵과 커피 핀이 함께
나오는데 커피를 모두 내린 후 얼음이 담긴 잔에
붓고 잘 저어주면 된다. 연유를 넣은 커피라면,
얼음을 넣기 전에 섞어야 한다.

- **블랙커피:** 까페 + 농(뜨거운) / 다(차가운)
- **연유커피:** 까페 + 쓰어(연유, 우유) + 농(뜨거운) / 다(차가운)

1 카페 덴 농 Cà Phê Den Nong

커피 핀으로 내린 에스프레소로 굉장히 진한 편이다. 그대로 마셔도 되고 물을 섞어서 아메리카노처럼 마시기도 한다.

2 카페 다 Cà phê đá

아이스 아메리카노. 얼음이 담긴 컵과 카페 덴 농이 제공되는 곳이 많다. 설탕을 빼달라고 하지 않으면 미리 넣어서 나오는 곳이 많으니 참고하자.

3 카페 쓰어 농 Cà phê sữa nóng

카페 덴 농에 연유를 넣은 뜨거운 커피로 커피 잔에는 연유를, 그 위에는 원두와 뜨거운 물을 넣은 커피 핀을 올려 주는 곳이 많다. 커피를 다 내린 후 섞어서 마시면 된다.

4 카페 쓰어 다 Cà phê sữa đá

카페 덴 농에 연유를 섞은 후 얼음을 넣은 시원한 커피로 여행자들이 가장 즐겨 먹는 커피이기도 하다. 연유를 섞어서 주는 곳과 연유를 커피 잔 아래 붓고 블랙 커피를 부어서 주는 곳이 있다.

5 카페 쯩 Cà phê trứng

달걀노른자를 곱게 믹싱하여 넣은 커피로 맛을 상상하기 어렵지만 부드러운 달걀 크림이 쌉쌀한 커피와 굉장히 잘 어울린다. 파는 곳을 쉽게 찾을 수 없으니 메뉴에서 발견하면 꼭 도전해 보자.

6 카페 므오이 Cà phê muối

소금 커피. 예전 같았으면 커피에 소금을 넣는 것이 기괴하게 느껴질 수 있었겠지만 우리는 단짠의 진수를 아는 민족, 한 번 마셔보면 그 오묘한 맛에 빠져들게 될지도 모른다.

DA NANG
파빌리온 가든
The Pavilion Garden
중세 유럽의 카페가 아닐까 하는 착각이 들 만큼 이국적인 느낌이 물씬 풍긴다. (p.97)

DA NANG
식스 온 식스
SIX ON SIX
고즈넉한 주택가를 둘러보다가 잠시 쉬어 가기에 좋은 공간이다. (p.112)

DA NANG
쭝 응우옌 레전드
Trung Nguyên Legend
휘황찬란한 인테리어를 자랑하는 곳으로 커피 맛도 일품이다. (p.90)

HOI AN
파이포 커피
Faifo Coffee

호이안 구시가지에서
최고의 전망을 만날 수 있는 곳.
여느 카페와 크게 다르지 않은
외관 덕분에 사람이 많지 않아서
한가하게 여유를 즐기기 좋다.
(p.148)

HOI AN
로지스 카페
Rosie's Cafe

아주 작은 골목 안 주택가로 들어가야
나오는 로지스 카페는 아마도 호이안에서
가장 평화로운 공간일 것이다. (p.149)

DA NANG
콩 카페
Cộng cà phê

다낭 최고의 인기를 누리는 곳.
인테리어와 직원들의 유니폼에서
공산당의 느낌이 물씬 풍긴다.
(p.89)

DA NANG
클라우드 가든
Cloud Garden

아기자기한 정원과 멋들어진 연못이
있어서 베트남 신혼부부의 웨딩 촬영이
자주 이루어진다. (p.114)

HOI AN
리칭 아웃 티 하우스
Reaching Out Tea House

침묵의 아름다움The Beauty of Silence이라는
슬로건과 잘 어울리는 티 하우스. (p.151)

HOI AN
더 힐 스테이션
The Hill Station
몇백 년의 흔적이 고스란히
남아 있는 외관과 여백의 미를
보여 주는 모던한 인테리어가
묘하게 어우러지는 곳.
(p.150)

HOI AN
코코박스
Cocobox
맛있는 열대과일, 매번
껍질 벗기기 힘들었다면
코코박스에서 모두 맛보자!
(p.154)

MUST EATS

베트남 음식 완전 정복

베트남 사람들은 뭘 먹고 살까?
신짜오, 베트남 삼시 세끼

베트남 여행을 하며 부지런한 베트남 사람들에 종종 놀라곤 한다. 아직
해도 뜨지 않은 새벽인데 부지런히 육수를 우려내고 밥을 짓느라 불이 켜진
가게가 많다. 베트남은 외식 문화가 발달한 곳이기 때문에 출근 길, 학교 가는
길에 오토바이를 타고 와서 뜨끈한 쌀국수, 고기를 얹은 밥, 바삭한 반미
등을 먹는다. 식사를 마치고 진하게 내린 커피도 한 잔 마시면 든든한 하루의
시작이다.

지역마다 다르지만, 대부분 국수는 아침, 밥은 점심에 먹는 곳이 많다.
점심에는 밥 위에 여러 반찬을 얹어 먹는 베트남식 뷔페, 껌빈전(Com Binh Dan)을
즐겨 찾는다. 서민의 밥이라는 뜻의 껌빈전은 원하는 만큼의 반찬을
손가락으로 콕콕 짚어서 주문할 수 있다.

그럼 일과를 마치고 저녁 식사를 할 때는 어떤 음식을 먹을까? 우리만큼이나
불판에 굽는 것을 좋아하는 베트남 사람들이지만 가장 사랑받는 메뉴는
러우이다. 샤브샤브와 비슷한 러우는 육수에 고기나 해산물을 넣어서 먹는데
다양한 재료 중 베트남 사람들이 가장 좋아하는 러우는 염소 고기를 넣은
러우제(Lẩu Dê)이다. 마무리를 역시 면! 이 때 나오는 면은 생면이니 끓일 필요
없이 개인 그릇에 덜어놓고 육수를 부어서 먹으면 된다.

고이 센 Gỏi Sen
각종 채소를 소스와 섞어 먹는 샐러드로 연꽃 줄기, 당근, 고수 등이 들어가고 땅콩을 듬뿍 뿌린다. 연꽃 줄기의 아삭함이 별미!

짜조 / 넴 Chả giò / Nem
중국 춘권(스프링롤)을 토착화한 것. 기름에 튀긴 것과 튀기지 않은 것으로 나뉜다. 북부에서는 짜조, 남부에서는 넴이라고 부른다.

러우제 Lẩu Dê
베트남 왕족이 먹던 고급 음식으로 염소고기에 채소와 약재를 넣고 푹 끓인 전골이다. 베트남 사람들이 가장 사랑하는 술안주이기도 하다.

껌 스언 느엉 Cơm Sườn Nướng
밥 위에 갈비 구이를 올린 덮밥으로 느억맘을 뿌려 먹으면 더욱 감칠맛이 살아난다. 한 그릇 먹고 나면 종일 든든하다.

반 미 Bánh Mì
프랑스 식민지 시절에 보급된 것으로 바게트처럼 생겼지만 쌀로 만든 것이다. 빵 안에 여러 재료를 넣어 샌드위치로 먹거나 밥 대신 반찬과 함께 먹는다.

꾸아 랑 메 Cua Rang Me
게를 통째로 튀긴 후 타마린 소스에 볶은 것으로 새콤한 단맛에 쌉쌀한 맛이 더해져 감칠맛을 더한다. 타마린 소스 외에 소금과 후추에 볶은 것도 깔끔한 맛이 일품이다.

모닝 글로리 Rau muống xào tỏi
아삭아삭한 맛이 좋은 공심채를 소스와 함께 볶은 요리로 다른 메뉴에 곁들여먹기 좋다. 한국 나물 반찬과 같아서 음식이 맞지 않는 어르신들도 좋아하는 메뉴.

꾸아 롯 Cua Lot
껍질이 딱딱하지 않은 게에 튀김 옷을 입혀서 바삭하게 튀긴 것. 부드럽고 바삭한 맛이 일품이다. 라임즙에 소금을 섞어 찍어 먹으면 더욱 맛있다.

분 짜 Bún Chả
분(쌀국수)을 느억맘을 베이스로 만든 새콤달콤한 국물에 채소, 숯불 고기, 분을 넣어 먹는 음식이다. 숯불구이 향기를 맡으면 그냥 지나치기 어렵다.

빗뗏 Bít Tết
베트남식 쇠고기 스테이크. 다진 고기를 뭉쳐서 만든 스테이크로 철판에 반숙 달걀과 함께 나온다. 베트남식 바게트인 반 미에 싸서 먹거나 밥과 함께 먹는다.

퍼 Phở
우리나라에서 먹을 수 있는 대표적인 베트남 음식으로 꼽히는 쌀국수! 테이블에 놓여 있는 민트와 고수를 넣어야 제맛을 느낄 수 있다. 북부 지역 하노이의 대표 음식.

고이 꾸온 Gỏi Cuốn
흔히 월남쌈이라 부르는 것으로 반짱에 새우, 돼지고기, 채소, 버미셀리 등을 넣어 돌돌 만 후 타레 소스(땅콩)나 느억맘 소스(생선)을 찍어 먹는다.

이것만 알면 나도 베트남 요리 전문가!

레스토랑 메뉴 100% 활용법

음식 고르는 재미가 있는 베트남 식당! 보통 100가지가 훌쩍 넘는 다양한 메뉴를 선보이는데 생소한 메뉴를 고르는 것이 어렵게 느껴질 수 있다. 하지만 몇 가지 기본적인 내용을 알면 즐거운 고민에 빠져들 것이다.

육류

bò 쇠고기	cua 게	dê 염소고기	ếch 개구리	trứng 계란
gà 닭고기 / ơn, heo 돼지고기		nai 사슴고기	sườn 갈비	

해물

cá 생선	lươn 뱀장어	mực 오징어	sò 굴	tôm 새우
tôm hùm 로브스티	ốc 우렁			

채소

đậu phụ 두부	giá 숙주	me 타마린	ớt 고추	tỏi 마늘
trái dừa 코코넛	cây sả 레몬그라스	rau muống 모닝 글로리	rau ngổ 고수	

요리법

canh 찌개	hấp 찜	luộc 삶음	nướng 숯불구이	quay 구이
rán, chiên 튀김	rang, xào 볶음	lẩu 전골		

국수

bún, phở, hủ tiếu 쌀국수	mì 라면	miến 당면

기타

cơm 밥	bánh 빵, 떡	nem 스프링롤	muối 소금	thập cẩm 모듬

알면 쉬운 메뉴 읽기

메뉴 읽기 예1	cơm sườn nướng 숯불갈비덮밥
메뉴 읽기 예2	cơm xào gà 닭고기 볶음밥
메뉴 읽기 예3	bún bò xào 쇠고기 볶음 쌀국수
메뉴 읽기 예4	tôm luộc 삶은 새우
메뉴 읽기 예5	Mực chiên 오징어 튀김
메뉴 읽기 예6	mì thập cẩm 모둠 라면
메뉴 읽기 예7	nem rán 스프링롤 튀김
메뉴 읽기 예8	rau muống xào tỏi 모닝 글로리 마늘 볶음

음식의 감칠맛을 돕는 느억맘 nước mắm
느억맘은 커다란 통에 조미료를 첨가한 생선을 넣고 발효시킨 후 생긴 원액으로 투명하고 붉은 빛을 띤다.
음식을 찍어먹기도 하고 국물에 넣어 감칠맛을 내기도 하고 밥이나 빵에 뿌려먹기도 한다.

MUST EATS

소박한 미식의 도시
다낭 대표 음식 BEST 4

대도시임에도 불구하고 관광지로서의 매력이 재발견되며 도시 전체가 탈바꿈 중이지만 그곳을 사는 사람들의
입맛은 변하지 않는다. 그토록 오래 그들을 사로잡은 음식의 매력은 무엇일까?

1 BÁNH XÈO
반 쎄오

1. 달걀지단을 반으로 접은 듯한
모양을 한 반 쎄오는 쌀가루를 반죽해
프라이팬에 얇게 튀긴 것으로 숙주, 콩,
옥수수, 양파, 달걀, 새우, 돼지고기 등을
올려 골고루 익힌 후 반을 접어 나온다.
지역마다 크게 부쳐 주는 곳도 있는데
다낭 지역은 손바닥 크기로 부쳐 주는
편이다. 맛있게 먹는 방법은 라이스
페이퍼에 반 쎄오를 하나 넣고 채소를
넣어 소스에 찍어 먹는 것이다.

DA NANG 반쎄오 추천

바 융 Bà Dưỡng

여행자는 물론, 교민과 현지인도 즐겨 찾는
반 쎄오 맛집으로 말린 음식을 파는 좁은
골목을 따라 한참 들어가면 규모가 꽤 큰
식당이 나온다. 여느 맛집이 그렇듯 메뉴가
다양하지 않지만 반 쎄오가
일당백이다. (p.102)

2. 현지인에게 다낭을 대표하는 단 하나의 음식을 알려 달라고 하면, 분명 미꽝을 이야기할 것이다. 꽝남 사람들의 자존심을 건 음식인 미꽝. 노랗고 넓적한 국수에 돼지고기와 새우, 땅콩을 넣고 자작하게 국물을 부어서 먹는 미꽝은 소박하지만 꽝남 사람들의 소울 푸드이다. 개구리, 닭고기 등 다양한 재료를 넣은 미꽝이 있지만 원조는 돼지고기와 새우를 넣은 미꽝이다.

3. 동글동글한 국수 분에 짜 까라는 어묵을 넣은 분 짜 까, 토마토의 달콤한 맛과 고춧가루를 넣어 얼큰한 맛에 담백하고 쫄깃한 어묵이 내는 환상적인 맛은 놓치기 아쉽다.

━━━ DA NANG 분 짜 까 추천 ━━━
분 짜 까 109 Bún Chả Cá 109
직접 만드는 어묵, 좋은 재료로 만든 음식은 역시 맛이 없을 수가 없다. 다낭의 파도 소리가 그리울 때면 이 집의 시원한 분 짜 까 한 그릇이 절로 떠오른다.(p.102)

2 MÌ QUANG
미꽝

3 BÚN CHA CÁ
분 짜 까

4 XÔI GÀ
쏘이 가

4. 쫄깃한 찹쌀밥에 닭고기를 올린 쏘이 가. 대개 흰색을 띤 밥과 함께 나오지만 간혹 재료에 따라 다른 색을 띤다. 후 불면 날아가는 안남미가 입에 맞지 않거나 차진 밥을 먹고 싶을 때 제격이다. 다양한 재료를 얹어 먹는데 다낭 지역은 닭고기를 삶아서 찢어 올린 쏘이 가를 즐겨 먹는다.

━━━ DA NANG 미꽝 추천 ━━━
미꽝 1A Mi Quảng 1A
타 지역에 미꽝을 파는 식당이 생기면 꽝남 사람들이 우르르 몰려가서 맛을 평가하고 맛있으면 장사가 잘되도록 도와주고 맛이 없으면 신문에 광고를 내서 망하게 만든다고 한다. 그만큼 꽝남 사람들의 자존심을 건 음식 미꽝! 본고장 다낭에는 미꽝을 파는 가게가 정말 많지만, 그중에서도 꽝남 사람들이 사랑해 마지않는 '미꽝 1A'에서 꼭 한번 맛보도록 하자. (p.106)

━━━ DA NANG 쏘이 가 추천 ━━━
바 부이 Bà Vui
부이 할머니의 식당이라는 이름의 가게로 지금은 아들과 며느리가 이어가고 있지만 소박한 맛과 훈훈함은 여전하다.(p.103)

MUST EATS

퓨전 요리의 끝판왕
호이안 대표 음식 BEST 4

다양한 나라의 상인들이 마을을 이루고 살며 전해진 그들의 음식에 베트남의 감각이 조화롭게 스며들어 맛있는 요리가 탄생했다. 특히 일본과 중국의 영향을 많이 받은 편이라 처음 먹어 보는 것이어도 한국인의 입맛에 익숙하게 느껴지는 것이 많다.

1 CAO LAU
까오 러우

2 COM GA
껌 가

1. 일본의 소바에서 유래된 호이안 고유 음식으로 까오 러우 면은 100년이 넘도록 호이안의 한 집에서만 만들고 있다. 돼지고기, 콩나물, 고수, 숙주, 양파 등을 넣어서 비벼 먹는다. 쌀 과자 반다Ban Da를 국수 위에 얹어 먹기도 한다.

2. 강황을 넣어 노란색을 띠는 밥에 볶은 양파와 닭가슴살, 파파야, 페퍼민트, 고수 등을 얹고 후추를 쓱 뿌린 껌 가는 눈이 번쩍 떠질 만큼 맛있기보다는 기본적이지만 담백하고 질리지 않는 맛을 낸다.

──── HOI AN 까오 러우 추천 ────

하이 누들스 Hai Noodles
최고의 미꽝, 까오 러우를 맛보고 싶다면 이 집을 놓쳐서는 안 된다.
(p.163)

▼미꽝

──── HOI AN 껌 가 추천 ────

껌 가 바 부오이 Cơm Gà Bà Buội
식사 시간대에 찾는다면 대기는 감수해야 한다. 자리에 앉으면 메뉴를 볼 새도 없이 손가락을 들어 한 개 주문할 것인지 물어본다. 사람이 너무 많아 혼이 쏙 빠질 지경이지만 한번 맛보고 나면 왜 사람들이 몰리는지 실감할 수 있다. (p.163)

3. 중국의 완탕에서 유래한 음식으로 바삭하게 튀긴 밀가루 위에 조리한 토마토, 양파와 고기 등을 얹은 것이다. 단맛과 짠맛이 어우러져 한국인의 입맛에 잘 맞는 편인데 소스 때문에 밀가루 튀김의 바삭함이 금방 사라지니 나오자마자 먹는 것이 좋다. 흔히 환탄으로 불린다.

4. 쌀로 만든 만두피에 새우로 속을 채운 작은 만두로 접시 위에 놓인 모습이 하얀 장미 같아서 화이트 로즈라는 별칭을 가지고 있다. 그 위에 바삭하게 튀긴 마늘 칩과 붉은 고추를 뿌리고 느억맘 소스에 찍어 먹는다.

3 HOÀNH THÁNH
호안탄찌엔

4 BÁNH BAO BÁNH VAC
반바오반박

HOI AN 호안탄찌엔 추천

미스 리 카페 22 Miss Ly Cafe 22

1993년부터 명맥을 이어온 맛집이다. 1949년에 지은 고가를 이용해 만든 식당 내부에는 가족의 대형 초상화가 걸린 벽이 고풍스러움을 더하고 모든 채소는 주인의 여동생이 직접 재배한 것을 공수해 와 신선한 편이다. (p.162)

HOI AN 반바오반박 추천

모닝 글로리
Morning Glory

구시가지에 위치한 식당으로 음식은 대체로 깔끔한 플레이팅에 맛도 무난한 편이다. 그중에서도 반바오반박이 제일 괜찮다. (p.164)

정성이 가득 담긴 궁중 요리
훼 대표 음식 BEST 4

베트남 최초의 통일 국가이자 마지막 왕조의 수도였던 훼의 전통 음식은 장식이 화려하고 정성이 많이 들어간 한입 크기의 궁중 음식이 많다. 또한, 훼 음식에는 반^{Bánh}이라는 단어가 들어간 음식이 많은데 반은 쌀가루, 밀가루 혹은 타피오카 가루로 만든 빵(떡)이라는 뜻과 왕족^{Loyal}이라는 뜻을 모두 가지고 있다.

1 BÚN BÒ HUE
분보 훼

2 BÁNH BÈO
반 베오

1. 유난히도 햇볕이 강하고 비가 내리지 않는 훼 지방에는 작고 매운 고추가 많이 난다. 그래서 유독 매운 음식이 많은 편인데 그중에서도 동그랗고 쫄깃한 국수, 분을 넣은 분보 훼는 우리네 전주비빔밥처럼 베트남 전국에서 가장 인기가 많은 것으로 레몬그라스와 고기를 끓인 육수에 고기나 선지, 민트, 고수, 바나나 꽃 등을 넣어 먹는다.

2. 반 베오는 간장 종지 크기의 작은 접시에 쌀가루와 타피오카를 섞은 반죽을 찌고 새우와 돼지고기, 마늘과 샬롯, 고추를 다지고 튀긴 샬롯을 올린 음식으로 수저로 느억맘 소스를 얹어서 먹는다.

━━━━━━━━━━(HUE 전통음식점)━━━━━━━━━━

항 메 Hàng Me
훼에 간다면 절대 놓쳐서는 안 될 맛집이다. 몇 개 되지 않는 단출한 메뉴를 가지고 있지만 훼의 전통 음식을 골고루 맛볼 수 있다. 특히 콤보 세트가 괜찮은 편이고 반 베오가 맛있다. (p.196)

한 레스토랑 Quán Hành
훼 전통음식 세트가 있어서 여행자들의 필수 코스가 되었다. 세트 메뉴에는 반 베오, 반 코아이, 넴 루이, 반 꾸온 툿 느엉, 넴란이 포함되어 있고 훼 지방 맥주인 후다 비아도 판매하고 있다. (p.195)

3. 타피오카 반죽에 새우와 고기 등을 넣은 후 바나나 잎에 싸서 찐 음식으로 굉장히 쫀득하고 담백한 맛이 일품이다

4. 고기를 다진 후 뭉쳐서 완자로 만든 후 레몬그라스에 붙여 구운 것으로 레몬그라스의 향이 배어 나와 향긋하고 달콤하다. 반짱이나 반 쎄오에 넣어서 함께 싸 먹는다.

Tip 알아두면 유용한 꿀팁

시간상 훼에 가지 못하는 여행자라면 다낭 시내에 위치한 훼 음식 전문점, 반 베오 바 베$^{Bánh\ Beo}$ $_{Bà\ Bé}$(p.104)를 꼭 가 보자. 현지인만 찾는 곳으로 작은 목욕탕 의자가 놓여 있고 영어가 통하지 않는 불편함이 있지만 훼에서 먹는 것과 가장 비슷한 맛을 즐길 수 있다.

3 BÁNH BOT LOC
반 봇 롯

4 NEM LUI
넴 루이

PLUS ────

BÁNH KHOAI
반 코아이

강황을 넣어 노란색을 띤 쌀가루를 바삭하게 부친 후 채소와 고기, 해산물 등 속 재료를 얹고 반달 모양으로 접은 것으로 맛있는 빵(케이크)이라는 뜻을 가지고 있다.
반 쎄오와 흡사하지만 크기가 작아서 반 쎄오 동생으로 불리기도 한다.

HUE 반 코아이 추천

락 티엔 레스토랑 Lac Thiên Restaurant
주문과 동시에 지글지글 구워서 바로 먹으니 맛이 없을 수가 없다. 양이 적어 여러 개 먹게 되는데, 한번에 주문하면 바삭함이 사라지니 한 개를 다 먹을 때쯤 재주문하는 것이 좋다.(p.195)

MUST EATS

PHI BANH MI

반 미 프엉
Bánh mi Phương

호이안에서 이곳을 모르면 간첩! 현지인과 여행자 모두에게 사랑받는 반 미 가게로 다양한 재료를 넣은 반 미를 판매한다. (p.168)

피 반 미
Phi banh mi

호이안 3대 반 미 맛집 중 하나. 기본은 맵고 짠 맛이 강한 편이지만 아보카도를 추가한 스페셜 반 미가 인기가 좋다. (p.169)

BÁNH MÌ PHUONG

집에 돌아와서도 생각날 베트남 음식

호이안 반미 BEST 3

베트남에서 꼭 먹어 봐야 할 길거리 음식 반 미는 거리를 걷다 보면 흔히 발견할 수 있지만 특히 유명한 맛집 세 군데를 추천한다.

MADAM KHANH BANH MI QUEEN

마담 칸 반 미 퀸
Madam Khanh-Banh Mi Queen

반 미 맛으로는 최고인 곳. 허름한 가게 앞은 반 미를 찾는 손님들로 늘 북새통이다. 현지인과 여행객 모두에게 인기가 높다. (p.169)

DRINK

다낭의 다양한 음료

사탕수수 주스 Nước Mía

사탕수숫대를 압착기에 넣으면 밀려나
가며 즙은 아래로 떨어진다. 얼음을 넣
은 컵에 이 즙을 넣으면 느억미아 완성!
비닐봉지에 빨대를 꽂아서 테이크아웃
도 가능하다.

신토 Sinh Tố

다양한 과일을 편리하게 즐길 수 있는
신토! 과일 혹은 채소를 갈아서 만든 스
무디로 신토Sinh Tố 뒤에 붙은 것은 함께
섞은 과일의 이름이다. 과일 이름 앞에
느억Nước이라는 글이 있으면 주스를 뜻
한다.

쩨 Chè

쩨는 단팥, 콩, 쌀 등의 곡식을 넣은 음
료다. 단팥죽처럼 따뜻하게 먹는 쩨다
우Chè đậu와 과일이 들어간 쩨도 있다. 모
두 맛보고 싶다면 여러 가지 곡물을 조
금씩 넣어주는 쩨땁깜Chè Thập Cẩm을 먹어
보자.

껨짜이즈어 Kem Trái Dừa

코코넛 열매 안에 코코넛 아이스크림과
각종 열대 과일을 넣은 것으로 달콤하
고 신선한 맛이 일품! 코코넛 안쪽의 벽
을 긁어 고소한 코코넛 말라이와 아이
스크림을 함께 먹어 보자.

맥주 Bia

베트남에는 지방 이름을 딴 맥주가 많
다. 비아 사이공, 비아 하노이가 가장
유명하고 훼의 흐엉 강물로 만든 비아
후다, 비아 껀터, 비아 꾸이년 등이 있
다. 다낭 지역의 대표 맥주는 라루Larue
로 초록색은 레몬 맛이 난다. 그 외에도
333맥주(비아 바바바), 싱가포르산 타
이거와 필리핀산 미구엘도 즐겨 마신다.
비아 흐이는 생맥주이다. 도수가 낮고
물을 탄 것 같이 밋밋하지만 저렴하게
즐기기 좋다. 컵에 얼음을 넣고 맥주를
부어 시원해지면 마시는 것이니 미지근
한 맥주가 나와도 실망하지 말자.

짜다 Trà đá

베트남은 수질이 좋은 편이 아니라 물
을 끓여 마시거나 생수를 사서 마셔야
한다. 식당에 가면 Ice Tea라 써 있는
것은 짜다로 진하게 우려낸 차에 얼음
을 넣은 것이다. 따뜻한 차는 짜라고 부
른다.

민망주 Minh Mạng Thang

다산왕으로 알려진 민망 황제는 40명
의 아내와 78남 64녀, 총 142명의 자녀
를 두었다. 생전에 그가 즐겨 마셨다는
보양주인 민망탕은 35도나 되는 독주
로 훼 지역에서 판매하고 있다.

달콤한 열대과일의 유혹

열대과일 맛있는 것은 아이들도 알지만 귀하신 몸값에 장바구니에 쑥 담기 어렵다.
하지만 베트남에서는 저렴해도 너무 저렴하다. 어디에서나 쉽게 구입할 수 있는 맛있는 열대과일,
이것만 잘 먹어도 비행기 값 벌어서 간다!

망고 Xoài

동남아에 가면 꼭 먹어야 할 과일 1위, 망고. 한국에서도 쉽게 만날 수 있지만 물 건너 한껏 치솟은 몸값은 떨어질 줄 모른다. 작정하고 열대과일을 먹을 생각이라면, 맥가이버 칼(다용도 칼) 하나 챙겨 가면 매우 유용하다.

패션 프루트 Chanh dây

딱딱한 껍질을 반으로 자르면 개구리알과 비슷한 씨가 촘촘히 들어 있으며 100가지 과일향이 난다고 하여 백향과라고 불리기도 한다. 석류의 다섯 배나 많은 비타민을 함유하고 있어서 여신 과일이라고도 한다.

구아바 Ổi

향은 좋지만 딱딱한 씨가 너무 많아서 치아가 부러지는 일도 있으니 주스로 갈아먹는 것이 상책! 구아바 잎에는 폴리페놀 성분이 있어서 염증 치료제로 사용되기도 한다.

용과 Thanh long

대부분의 호텔 조식에 제공되고 아무 맛도 나지 않아서 간과하기 쉽지만 빠지면 헤어나기 힘든 매력이 있다. 차갑게 하여 아이스크림이나 요거트에 섞어 참깨 같은 씨가 톡톡 터지는 것을 느끼며 음미해 보자.

슈가 애플 Mãng cầu

닌자 거북이의 등껍질같이 울퉁불퉁하지만 잘 익으면 진한 초록색을 띠고 말랑말랑해진다. 결을 따라 가른 후 껍질에 붙은 하얀 과육을 먹으면 되는데 검은 씨가 많은 편이라 번거롭지만 꼭 한번 맛보자.

찌꾸 Hồng xiêm

생긴 건 감자인데 맛은 감이다. 탄닌이 많아서 잘 익지 않으면 떫은맛이 강하니 진한 갈색을 띠고 말랑말랑한 녀석을 고르는 것이 좋다. 맛있다고 너무 많이 먹으면 화장실을 가지 못하는 불상사가 생길 수도.

람부딴 Chôm chôm & 리치 Vải

털북숭이 모습을 한 람부딴은 아주 맛있어 보이진 않지만 속살은 보드랍고 달콤하다. 껍질을 까면 리치와 비슷하지만 그보다 과육이 탱탱한 편이다. 리치는 우리나라 뷔페에서도 흔히 볼 수 있는 과일이지만 현지에서 먹는 것이 훨씬 맛있다. 빨간 껍질을 벗기면 과즙을 잔뜩 머금은 반투명한 열매가 나오는데 람부딴보다 단맛이 강하다.

잭 프루트 Mít

두리안과 비슷한 모양을 한 과일로 간혹 어마어마한 크기의 열매가 나무에 매달려 있는 것을 볼 수 있다. 커다란 칼로 자르면 실과 같은 섬유질이 나오는데 이에 파묻힌 작은 알맹이를 맛보면 쫄깃쫄깃 달콤하다. 망고와 더불어 말린 과일로 가장 인기가 많고 마트에서 쉽게 구할 수 있다.

파파야 Đu đủ

참외와 비슷한 모양을 한 파파야. 반으로 자르면 한가득 들어 있는 동글동글한 씨가 당황스러울 수 있지만 살살 파내어 버리자. 까만 씨에 가려 있던 말랑말랑한 주홍색 과육을 소금에 찍어서 먹으면 이것이 바로 단짠의 진수! 단백질을 분해하는 파파인 성분이 있어서 소화를 도우니 위 기능이 좋지 않은 사람은 눈여겨보자.

스타 애플 Vú sữa

반으로 자른 모양이 별처럼 생긴 스타 애플의 베트남 이름은 부 스어로 모유라는 뜻을 가지고 있다. 과일이 말랑말랑해질 때까지 꾹꾹 누른 후 구멍을 내면 모유같이 하얀 과즙이 흘러나온다. 보라색과 초록색이 있는데 덜 익은 것이 아니라 품종이 아예 다르다. 초록색은 껍질이 얇고 과즙이 많고, 보라색은 껍질이 두껍고 과즙이 적은 편이다.

두리안 Sầu riêng

과일의 왕이라는 별칭을 가진 두리안은 강한 냄새와 독특한 맛으로 호불호가 강하다. 고슴도치같이 뾰족한 가시를 자르면 노란 과육은 생크림처럼 부드럽고 달콤하다. 한번 빠지면 헤어나올 수 없는 맛! 껍질을 벗기기 힘드니 먹기 좋게 과육만 포장된 것으로 구입하는 것이 좋다. 열을 내는 과일로 술과 함께 먹으면 굉장히 위험하다는 것을 꼭 기억해 두자.

코코넛 Dừa

한가로이 해변가에 누워서 휴가를 즐길 때 옆에 두어야 할 것 같은 야자수 열매. 코코넛 음료를 생각하고 마시면 밍밍한 맛에 실망할 수도 있지만 갈증 해소에는 최고다. 야자수를 마시고 난 후 반으로 쪼개어 긁어먹는 하얀 과육도 별미다. 이는 코코넛 밀크의 원재료로 동남아 음식에도 두루 사용된다.

MARKET

재래시장

장바구니보다 먼저 챙겨야 할
흥정의 기술

정찰제로 운영되지 않는 다낭에서 쇼핑할 때 흥정은 필수. 매번 흥정해야 하는 것이 번거롭고 어렵게 느껴질 수 있지만 이 또한 그들의 문화이니 즐기는 마음으로 도전해 보자. 흥정할 때 가장 중요한 두 가지는 바로 이것!

첫째, 지름신이 강림하는 그 순간, 포커페이스를 유지할 수 있어야 한다. 물건을 가지고 싶어 한다는 것을 들키는 순간 흥정의 칼자루는 상인에게 넘어가게 된다. 예쁘다, 사고 싶다, 한국어로 이야기해도 칼같이 알아들으니 조심하자.

둘째, 가격을 먼저 제시하는 쪽이 무조건 진다. 마음에 드는 물건을 발견했지만 포커페이스를 유지하고 가격을 물어보았는데 되려 얼마에 사고 싶냐고 물어온다. 적정 가격이라 생각하여 가격을 제시했는데 상인이 흔쾌히 승낙했다는 것은 흥정이 더 가능하다는 뜻이다. 이 질문에 알맞은 답은 "당신이 줄 수 있는 마지막 가격을 제시해주세요(Give me the last price)."라는 말과 여유만만한 미소다.

물론 흥정의 기술보다 먼저 파악해야 할 것은 대략적인 물가!

DA NANG

다낭 한 시장
Chợ Hà

1층에는 건어물과 채소, 과일, 생선 등 식재료 가게와 의자에 앉아 식사할 수 있는 식당이 있고, 2층에서는 주로 의류를 취급하는데 베트남 전통 의상인 아오자이도 주문 제작이 가능하다. (p.83)

HOI AN

호이안 중앙 시장
Chợ Hội An

수많은 관광객에 치여 사람 사는 곳이라는 느낌이 적은 구 시가지에서 현지인의 모습을 보고 싶다면 호이안 중앙 시 장으로 가자. 북적이는 현지인들 사이에서 과일을 사거나 저렴하게 한 끼를 해결하는 것은 색다른 경험이 될 것이 다. (p.147)

시장 쇼핑 리스트

즐거운 여행을 오래 추억하기 위해서 쇼핑이 빠질 수 없다. 로컬 시장에서
파는 물건은 수제품이 많아서 똑같은 물건을 발견하기 어려울 수도 있으니
마음에 들면 흥정을 시도해 보자.

❶ 라탄 제품
가볍고 시원한 게 여름에 딱!
가방, 신발, 모자는 물론 매트에
조명까지!

❹ 호이안 등불
호이안의 밤을 책임지는 등불.
하나보단 여러 개 켜 놓는 게
더 예쁘다.

❼ 그림
옛 포스터나 호이안 그림 하나 걸면
베트남 느낌 물씬!

❷ 기념 소품
핸드메이드 입체 카드, 농라 마그넷
조잡해 보이지만 의외로 받는 사람이
좋아하는 아이템.

❺ 아오자이
허리까지 시원하게 트인
아오자이를 입고 호이안 옛 골목을
배경으로 인생 샷은 필수!

❽ 아동복
아기자기한 디자인에 저렴한
아이템이 가득!

❸ 마로 초콜릿
100% 베트남 카카오로
만든 초콜릿이
한국의 반값.

❻ 가죽제품
지갑, 가방부터
부츠까지 없는 게 없다.
저렴한 가격은 덤.

❾ 베트남 모자
나무를 엮어서 만든 농라,
햇볕이 강한 다낭 여행하며 쓰기 좋다.

PHARMACY

약국 털기

여행의 필수 코스 약국 털기! 유럽이나 일본에 비해
잘 알려지지 않았지만 베트남에도 있다.
물가가 싼 덕분에 질 좋은 보조 영양제를 저렴하게 구입할 수 있다.
단, 유효기간 확인은 필수!

비판텐 Bepanthen
기저귀 발진 연고로 알려진
비판텐은 스테로이드 및
방부제, 색소, 향료가 없어서
아이 키우는 집에는 필수.
한국은 9,000원,
다낭은 2,500원

호랑이 연고 Tiger Balm
페퍼민트 향이 강한
하얀색 연고로 근육통이
있을 때 바르고 마사지를
하면 효과가 좋다.
1통에 약 900원

비나가 Vinaga DHA
리코펜, 베타카로틴,
DHA가 포함되어 건조한
눈과 모발, 햇볕에 탄
피부에 좋은 편이다.
100정에 약 3,500원

샤론 파스 Salonpas
관절 파스로 직접 뿌리는
것과 다양한 사이즈가
있으니 필요한 것으로
구입해 보자.
약 750원

베로카 Berocca
한국에서도 광고를
통해 자주 볼 수 있는
발포 비타민.
한국은 30정 2만 원,
다낭은 10정 360원

더마틱스 울트라 Dermatix Ultra
흉터를 없애는 데
탁월한 크림으로 15g 기준
한국은 2만 7,000원,
다낭은 1만5,000원.

치약 Toothpaste
달리, 센소다인에
콜게이트까지!
생활 필수품이니
저렴할 때 쟁여 두자.

오메가 3 Omega-3 Fish Oil
심혈관계 질환 예방과
고혈압, 당뇨, 류마티스
관절염에 탁월한 효과를
보인다.

스트랩실 Strepsils
목이 아플 때 먹으면
좋은 캔디로 다양한 맛이
있으니 골라 보자.

MART

다낭 마트, 전격 해부!

한국 음식이 필요할 때, 여행을 마치고 쇼핑을 하기 위해 한두 번은 꼭 가게 되지만, 위치와 판매하는 물품이 조금씩 다르니 구입하고 싶은 물품을 정하고 적합한 곳을 선택하는 것이 좋다. 흥정에 익숙하지 않다면 시장보다 마트를 추천한다.

롯데 마트 Lotte Mart

용교에서 차로 10분 정도 떨어진 곳에 있는 롯데 마트는 공항과 가깝고 익숙한 배열로 여행자들이 출국 전 필수 코스로 들르는 곳이다. 3층에는 환전소가 있는데 환율은 괜찮은 편이고 이름과 여권번호를 기재해야 한다. 환전소 옆 로커에 짐을 무료로 맡길 수 있는데 가끔 직원이 자리를 비우니 귀중품은 맡기지 않는 것이 좋다. 총 금액이 30만 동 이상이면 호텔로 무료 배송이 가능하다.

Address	06 Nai Nam, North Hoa Cuong Ward, Hai Chau.
Tel	0511-3611-999
Open	08:00~22:00
Access	아시아 파크에서 도보 3분
Web	www.lottemart.com.vn
GPS	16.03485, 108.22921

빅 씨 Big C

꼰 시장Chợ Cồn의 맞은편에 위치한 곳으로 정확히 말하자면 빈 쯩 플라자Vinh Trung Plaza에 빅 씨 마트가 속해 있다. 2층에는 식품류, 3층에는 옷과 공산품을 판매하고 전체적인 분위기는 한국의 마트와 별반 다르지 않다. 가방을 가져가면 매장 입구에서 비닐 팩으로 밀봉하거나 로커에 맡겨야 한다. 50만 동 이상 구입 시 20km 내 무료 배송이 가능하다. 1층에는 하이랜드 커피Highland Coffee와 KFC가 있고 4층에는 CGV가 있다.

Address	257 Hùng Vương, Thanh Khê
Tel	919-194-555
Open	08:00~22:00
Access	꼰 시장에서 도보 2분
Web	www.bigc.vn
GPS	16.06701, 108.21339

케이 마트 K-Mart

베트남 음식이 잘 맞지 않더라도, 빠뜨리고 온 물건이 있더라도 걱정하지 말자. 다낭에서는 한국 식품을 구하기 쉽고 가격도 한국과 크게 차이가 없다. 1호점은 제품 종류가 다양하고 박당 거리에 있는 2호점은 규모가 작은 편이다. 참고로 가격은 새우깡 3만 동, 참이슬 6만4,000동 등 한국과 크게 다르지 않다.

1호점	Address Phạm Văn Đồng, An Hải Bắc, Sơn Trà
	Access 한강교에서 도보 12분
	GPS 16.07052, 108.23624
2호점	Address 104 Bạch Đằng, Hải Châu
	Access 한강교에서 도보 7분
	GPS 16.06881, 108.22493
Tel	090-539-0001
Open	24시간

LOTTE MART
롯데 마트 쇼핑 리스트

다낭 여행의 마무리는 역시 롯데 마트. 물가 덕에 필요한 것 모두 담아도 깜짝 놀랄 만큼 저렴하다.
향신료가 들어간 것도 있으니 처음 보는 제품은 여행하며 미리 먹어 보고 구입하는 것이 좋다. 카드도 사용 가능!

① 커피 핀
베트남 커피를 마실 때 빠질 수 없는 커피 핀. 가끔 커피를 내려 마시며 베트남 여행을 추억하기에 좋다.

② 커피 원두
굉장히 많은 제품이 진열되어 있지만 진짜 맛있는 커피는 노란색의 Sáng Tao와 연두색의 스타 커피뿐이다. 베트남 커피로 알려진 G7은 정작 현지에서는 인기가 없는 편이다.

③ 건강 차
노니, 여주, 연꽃, 생강차 등 다양한 차를 저렴한 가격에 구입할 수 있다. 유명 브랜드인 스리랑카 딜마Dilma와 영국의 트와이닝스Twinings도 저렴하고 종류가 다양하니 눈여겨보자.

④ 맥주
무게 때문에 많이 사 올 수는 없지만 저렴하고 종류가 다양하니 기념으로 구입하기 좋다.

⑤ 제비집 음료
건강과 미용에 좋은 제비집. 진짜 제비집은 구하기 어려우니 시중에서 흔히 판매되는 제비집 12% 함량 제비집 음료를 구입해 보자.

⑥ 쌀국수
베트남 국수가 그리울 때 슥 꺼내 먹기 좋은 하오하오Hao Hao, 분보 훼에Bún bò Huế, 퍼팃보Phở thịt bò. 그릇에 넣고 컵라면처럼 물을 부어 먹는 것으로 새우탕면과 비슷한 맛이 난다.

⑦ 쌀국수 육수 큐브
시원한 쌀국수 육수가 마음에 들었다면 Nosa 회사에서 만든 육수 큐브 Viên gia vị Phở Bò를 구입해 보자.

⑧ 말린 과일 & 과자
말린 망고는 동남아 여행에서 빠질 수 없는 물품이다. 하지만 망고 외에도 코코넛, 잭 프루트 등 맛있는 과일이 많으니 여행 중 먹어 보고 구입하자. 바삭한 비나밋 과자도 인기가 많은 편이다.

⑨ 라핑 카우
한국에서도 흔히 볼 수 있는 벨큐브 치즈이지만 굉장히 저렴한 가격에 판매한다.

⑩ 칠리소스
베트남 여행을 하며 맛이 괜찮았다면 몇 개 구입해 보자. 단돈 500원!

2

Travel
Route

추천 여행 코스

Daily · Theme

DAILY COURSE 01

일정에 따라 참고하는

완전 정복 코스

도시 간 이동 시간이 길지 않고 볼거리가 아주 많은 편이 아니기에 마음 편히 쉴 수 있는 다낭 여행. 많은 것을 보러 다니기보다는 자신의 취향에 맞는 곳 외에는 과감히 제외하여 휴양과 관광의 밸런스를 잘 맞추는 것이 좋다. 날씨가 더운 여름이라면 더더욱!

1일차

호이안 구시가지 (p.133)

다낭 국제공항에서 바로 호이안으로 이동하여 점심 식사를 한다. 유네스코 세계문화유산에 등재되어 있는 호이안 구시가지를 통합 입장권을 활용해 둘러보거나 아오자이를 입고 노란색 담벼락을 배경 삼아 인생 샷도 남기는 것도 좋겠다. 장거리를 이동하며 쌓인 피로를 스파에서 쫙 풀면 남은 일정이 좀 더 편안해 질 것이다. 밤에는 투본강을 유영하는 소원등을 바라보며 칵테일을 마시거나 야시장을 구경하자.

4일차

바나 힐스 (p.122)

아침 일찍 체크아웃을 하고 숙소에 짐을 맡긴 후 바나 힐스로 이동한다. 바나나가 많아서 이와 같은 이름을 갖게 되었으며, 세계에서 가장 긴 케이블카가 있는 것으로 유명하다. 이곳에서 점심을 먹고 도심으로 이동하여 다낭에서의 일정을 마무리 한다.

2일차

호이안 카페 or 안방 해변 (p.171)

호이안 구시가지에 위치한 독특한 분위기의 카페에 앉아 한가롭게 아침을 맞이하거나 부지런히 안 방 해변으로 이동해 아침 바다를 감상하고 분위기 좋은 해변 레스토랑에서 점심 식사도 먹자.

차로
40분 소요

다낭 시내 (p.76)

다낭 호텔에 체크인을 하고 한강 근처에 위치한 다낭 대성당이나 한 시장 등을 둘러보고 해 질 무렵에 한강변에 위치한 레스토랑에서 저녁 식사를 한다. 해가 완전히 진 후에는 유람선을 타고 한강의 야경을 만끽하거나 강변의 카페나 바에서 한잔하는 것도 좋다.

3일차

오행산 (p.118)

한낮에는 너무 더워 이동이 힘드니 웬만하면 아침 일찍 서둘러 다낭 남부에 위치한 오행산에 오른다. 엘리베이터를 이용하기 때문에 비교적 수월하게 오를 수 있으며, 아침 햇살에 반짝이는 미케 해변과 다낭 시내의 전망은 벅찬 감동을 선사할 것이다.

차로
10분 소요

미케 해변 (p.111)

미케 해변은 여러 매체를 통해 매력적인 해변에 선정되며 유명세를 얻고 있는 다낭의 핫 플레이스. 근처 골목에 숨어 있는 분위기 좋은 카페에서 휴식을 취하고 태양의 고도가 낮아질 때쯤 해변으로 이동해 미케 해변에서 시간을 보내다가 저녁 식사를 하자. 시내로 돌아가기 전에 미케 해변과 다낭 시내를 한눈에 내려다 볼 수 있는 탑 바(p.115)에 들러 보자.

다낭 & 호이안 & 훼 4박 6일

(다낭 2박 → 훼 1박 → 호이안 1박)

2일차

다낭 시내 (p.76)

다낭에 밤늦게 도착해 제대로 된 일정은 2일 차부터 시작된다. 오전에는 한강을 중심으로 참파 왕국의 유물을 볼 수 있는 참 박물관, 핑크색 외관의 다낭 대성당 등을 구경하고, 오후에는 카페 투어를 하며 베트남 커피 삼매경에 빠져보는 건 어떨까. 주말이라면 용교에서 펼쳐지는 불 쇼와 물 쇼를 구경하는 것도 큰 재미!

3일차

훼 (p.178)

훼는 작지만 화려하고 투박하지만 중후한 멋이 묻어나는 베트남의 옛 수도이다. 얽히고설킨 역사는 알면 알수록 신비하고 베트남 맛의 고장으로 손꼽히는 훼의 궁중 음식은 정갈하고 풍미가 가득하다. 훼는 당일치기 투어에 참가해 방문하는 것이 가장 효율적이다. 물론 일정에 여유가 있다면 훼에서 하루 묵어 보는 것도 좋다.

4일차

호이안 구시가지 (p.133)

다낭의 숙소에서 체크아웃한 뒤 호이안으로 이동한다. 호이안 구시가지에서는 호이안만의 색채가 돋보이는 유적지를 볼 수 있는데 대부분이 오후 5시 전후로 문을 닫는다는 것을 기억해 두자. 저녁 식사는 투본강이 내려다보이는 강변 레스토랑에서 즐기고, 식사 후 산책하듯 야시장도 둘러보자.

5일차

호이안 시장 (p.147)

아침 일찍 호이안 시장에서 과일을 사거나 현지인들과 어울려 저렴한 한 끼를 해결하는 것은 색다른 추억이 될 것이다. 이후 숙소에서 체크아웃한 뒤 다낭으로 이동한다.

차로
15분 소요

안 방 해변 (p.171)

체크아웃 후 가방은 숙소에 맡겨두고 다낭, 호이안의 바다 중 가장 늘어지기 좋은 안 방 해변을 찾아가자. 바쁜 일상으로 돌아가기 전 맛있는 음식과 맥주 한 잔으로 재충전의 시간을 즐긴 후 호이안 구시가지 근처 스파에서 마사지를 받고 말끔히 씻은 후 짐을 찾아 다낭으로 이동하자.

차로
40분 소요

롯데 마트 (p.51)

다낭 남부에 위치한 롯데 마트는 여행 마지막 날 쇼핑하기 딱이다. 짐을 맡길 수 있으니 걱정 없이 쇼핑을 즐기고 시간에 여유가 있다면 근처에 있는 아시아 파크의 썬 휠을 타고 다낭 시내 야경을 즐기자.

DAILY COURSE 02

취향 따라
선택하는

다낭 &
호이안 코스

역사를 좋아하는 사람이라면
눈을 반짝일 유적지부터
액티비티 매니아를 자극하는
다양한 해양 스포츠,
맛있는 베트남 음식을
즐기는 맛집 탐방,
달콤한 베트남 커피를 찾아
떠나는 카페 투어까지
다낭은 여행자의 오감을
만족하게 할 다양한
매력들로 가득하다.
취향에 맞는 스폿들을
모으고 모아 나만의 여행
코스를 선정해 보자.

다낭 & 호이안 역사여행 3박 5일
(다낭 1박 → 호이안 1박 → 다낭 1박)

2일차

다낭 대성당 & 참 박물관 (p.80)
다낭에 밤늦게 떨어져 제대로 된
일정은 2일 차부터 소화할 수 있
다. 참파 왕국의 흔적을 만날 수
있는 유일한 박물관인 참 박물관
부터 베트남의 식민 역사의 현장
다낭 대성당을 둘러보자.

차로
40분 소요

호이안 구시가지 (p.133)
과거 해상무역의 중심지였던 호이
안은 베트남 고유의 문화와 세계
각지의 문화가 조화롭게 융화되어
독특한 색채가 완성되었다. 도시
전체가 유네스코 세계문화유산에
등재되어 있을 만큼 볼거리도 많
고, 구석구석 예쁜 카페와 상점 또
한 어찌나 많은지 하루 종일 돌아
다녀도 시간이 모자라다. 어둠이
찾아오면 안 호이 다리 건너면 보
이는 바에 앉아 이 아름다운 도시
의 밤을 두 눈에 담자.

3일차

미 썬 (p.176)
미 썬은 참파 왕국의 성지로 종교
적, 학술적 가치를 인정받아 1999
년에 유네스코 세계문화유산에 등
재되었다. 미 썬은 투어로 다녀오
는 것이 가장 효율적인데, 보통 일
출 시간에 맞추거나 아침 9시 전
후에 시작하니 부지런히 이동해야
한다.

차로
1시간 소요

다낭 미케 해변 (p.111)
과거 미국과의 전쟁 당시 미군의
휴양소로 사용되었던 미케 해변은
긴 해안선을 뽐낸다. 북쪽 해변을
걷다 보면 베트남 전통 대나무 바
구니 배를 말리는 모습을 볼 수 있
다. 이곳 근처에서 저녁 식사를 하
고 스파로 지친 몸을 힐링하자.

4일차

린응사 (p.120)
느긋하게 체크아웃을 하고 린응사
로 이동한다. 린응사에는 베트남
최대 크기의 해수 관음상이 우뚝
서 있는데, 무려 67m, 아파트 30층
높이에 달한다. 불상은 내부의 계
단을 따라 머리 부근까지 올라갈
수 있는데 그곳에서 내려다보는
바다와 다낭 시내는 가히 최고라
할 수 있다. 린응사에서의 일정이
끝나면 시내로 돌아와 시간을 보
내다가 비행 시간에 맞춰 공항으
로 향한다.

다낭 & 호이안 액티비티 3박 5일

(다낭 2박 → 호이안 1박)

2일차

미케 해변 (p.111)

다낭에 밤늦게 도착해 바로 리조트에 체크인한 후 2일 차부터 일정을 시작한다. 부지런히 일어나 리조트에서 제공하는 모닝 요가나 명상 프로그램에 참여해도 좋고, 미케 해변의 부드러운 모래를 밟으며 일출을 보는 것도 추천한다.

미케 해변에서
바로

미케 해변 수상 액티비티

미케 해변에서는 수상 스키, 파라세일링, 서핑 등 다양한 액티비티를 체험할 수 있는데, 특히 파도가 높은 편이라 서핑을 하기 위해 이곳을 찾는 여행자도 꽤 많다. 여행지에서 새로운 스포츠에 도전해보는 건 어떨까?

3일차

호이안 에코 투어 (p.60)

호이안에 거주하는 농부와 어부의 삶을 체험해 볼 수 있는 투어다. 다양한 투어 회사에서 진행하고 있는데 색다른 경험을 할 수 있어 추천한다. 보통 오전 일찍 시작하므로 리조트의 셔틀버스나 택시를 이용해 부지런히 이동한다.

에코투어 종료 시
구시가지에서 해산

호이안 구시가지 (p.133)

구시가지를 산책하며 유적지를 구경하다 마음에 드는 카페를 발견하면 기웃거려 보기도 하며 여유로운 시간을 보낸다. 호이안의 야경은 정말 아름다우니 피곤하지 않다면 리조트로 돌아가기 전에 꼭 보고 갈 것을 추천한다. 투본강에 소원등을 띄우는 체험도 할 수 있으니 참여해 보자.

4일차

바나 힐스 (p.122)

체크아웃 후 바나 힐스로 이동해 세계에서 가장 긴 케이블카도 타고 썬 월드에서 신나는 놀이기구도 즐기자. 오후에는 다낭 시내로 돌아가 마사지를 받거나 쇼핑을 하고 비행 시간에 맞춰 공항으로 이동한다.

알아두면 유용한 꿀팁 TIP

날씨가 더운 여름에 다낭 여행을 계획하고 있다면 해가 가장 뜨거운 오전 11시부터 오후 3시 사이에는 휴식을 취하는 것이 좋으니 실내 일정을 고민해 보자.

HISTORICAL TOUR

역사 여행

베트남 고유의 문화뿐만 아니라 동서양 여러 국가들의 문화적 특색이 개성 있게 녹아 있는 꽝남 지역. 기본적인 역사적 배경을 알고 관련 스폿들을 돌아본다면 좀 더 그들의 삶을 깊게 이해할 수 있지 않을까.

동남아시아의 고대 문명국가, 참파 왕국

참파 왕국은 192년부터 약 1200여 년 동안 베트남 중남부 지역에 자리 잡았던 참족의 왕국이다. 베트남, 그리고 베트남을 수차례 지배했던 중국의 최대의 적이었던 그들은 천년의 세월 동안 흔들림이 없었지만 14세기 말부터 베트남에 서서히 밀리기 시작해 18세기에는 베트남에 완전히 흡수되며 소수민족으로 전락했다. 참파 왕국은 남인도와의 해상 무역이 활발히 이루어졌던 왕조이기에 유적을 살펴보면 힌두교 문화가 많이 녹아 있다.

베트남 최후의 왕조, 응우옌 왕조

응우옌 왕조는 1802년, 오늘날 베트남과 비슷한 영토를 지배한 최초의 통일 왕조로 수도는 훼였다. 하지만 통일 이후 채 100년도 되지 않아 내부의 분열과 유럽의 동남아시아 식민지화 정책에 의해 프랑스에 주권을 빼앗겼다. 프랑스 치하에 있던 베트남은 1945년 제2차 세계대전이 종전을 맞이함에 따라 베트남 민주공화국으로 독립하였고, 응우옌 왕조는 최후를 맞이했다.

동남아시아 무역의 거점, 호이안

호이안 항구는 15세기부터 19세기까지 발달했던 동남아시아의 무역항으로 오랜 시간에 걸쳐 여러 문화가 융합되며 호이안만의 독특한 문화를 형성했다. 하지만 19세기 말, 다낭 및 타 도시의 항구들이 무역항으로 각광받았고 호이안은 쇠퇴의 길을 걸었다. 이후 경기는 침체되었지만 항구는 초기 모습이 훼손되지 않은 채 현재까지 남아 있게 되었다.

알아두면 유용한 꿀팁

참파 왕국의 유적인 미 썬(p.176)과 응우옌 왕조의 유적인 훼(p.178)는 시내에서 꽤 먼 곳에 위치해 있어 단독으로 이동하기보다는 투어에 참여할 것을 추천한다. 또한, 가이드가 제공하는 역사적인 배경은 유적을 이해하는 데 큰 도움이 될 것이다. 두 곳 모두 역사적 가치를 인정받아 유네스코 세계문화유적에 등재되었다.

밥은 어디서 먹지?

아침   아침 참 박물관 옆 빵집
봉 빠 (p.95)

점심   스타 셰프가 운영하는
모닝 글로리 (p.164)

간식   호이안 3대 반 미 맛집
반 미 프엉 (p.168)

저녁   투본강이 내려다보이는
카고 클럽 (p.160)

LOCAL TOUR

로 컬 여 행

호이안 여행을 계획하고 있다면 에코 투어에 참여해 보는 건 어떨까? 호이안의 구시가지를 걸으며 과거의 찬란했던 영광의 순간을
눈에 담고, 지금 그곳을 살아가는 호이안 주민들의 삶을 체험하는 시간은 특별한 추억을 선사할 것이다.

호이안은 전 세계 사람들이 몰려드는 관광지이다 보니 이곳저곳에서 가격 흥정 때문에 실랑이가 자주 벌어지는 편이다. 호이안에서 하루쯤 관광객 모드를 장착하고 이런저런 체험을 할 예정이라면 에코 투어는 훌륭한 선택지가 될 것이다.

호이안 구시가지

구시가지 전체가 유네스코 세계문화유산에 등재된 호이안은 볼거리가 너무 많아 어떤 곳을 가야 할지 고민되기 마련. 에코 투어에 참여하면 전문가의 설명을 곁들여 핵심 스폿들을 둘러볼 수 있어 편하다.

에코 투어 반일 코스

1 호텔 픽업
2 호이안 구시가지 투어
3 바구니배 타기
4 물고기 낚시
5 쿠킹 클래스
6 식사
7 호텔 도착

알아두면 유용한 꿀팁

미리 예약해야 하는 만큼 믿을 수 있는 여행사를 선정하는 것이 중요하다. 저자가 직접 이용해 본 후 추천하는 사이트를 참고하자.

팡팡투어 cafe.naver.com/danang
클룩 www.klook.com

바구니배 타기

베트남 전통 방식으로 만든 바구니 배를 타고 투본강 위를 미끄러지는 체험을 할 수 있다. 프로그램에 따라 풀로 곤충 반지를 만들어 주기도 하고 신나는 음악에 맞춰 쇼를 보여 주기도 하며, 게 낚시 체험을 제공하는 경우도 있다.

쿠킹 클래스

베트남 전통 음식을 직접 만들어 맛볼 수 있는 프로그램이다. 일반적으로 반 쎄오, 고이 꾸온(월남쌈), 파파야 샐러드 등을 만들게 된다. 투어 회사에 따라 장보기부터 재료 손질, 요리까지 모두 경험할 수 있는 곳도 있다.

3

Transportation

다낭 교통 정복

다낭 입국하기

2017년 5월, 드디어 신공항이 문을 열었다. 깔끔한 시설은 물론
빠르고 편리한 수속은 베트남의 다른 공항에서는 찾아볼 수 없는 모습으로 새삼 여행지로서 다낭의 인기를 실감할 수 있다.
신공항이 생기며 기존 공항은 국내선만 운항하는데, 가끔 이전 공항으로 데려다주는 택시 기사도 있으니
출발 전에 목적지를 확실하게 확인하는 것이 좋다. 두 공항은 걸어서 5분 정도 소요된다.

다낭 국제공항 Da Nang International Airport

APEC 정상 회담에 맞춰 야심 차게 건설한 신생 공항으로 다낭 내 유일한 국제공항이다. 귀국 시 1~5번은 A 구역으로 대한항공, 아시아나, 제주항공, 6~10번은 B 구역으로 에어부산, 진에어, 티웨이항공 체크인 카운터이다.

버거킹, 크리스탈 제이드 등 각종 레스토랑과 롯데면세점이 있고 6번 게이트 근처에는 식사, 샤워가 가능한 CIP 라운지(PP카드 사용 가능)가 있다.
vietnamairport.vn

한눈에 보는 입국 절차

다낭 공항에 도착했다면 입국 심사를 거쳐 수하물을 찾자. 어렵지 않은 이 과정을 끝내면 진짜 다낭 여행이 시작된다.

❶ 입국 심사

비행기에서 내린 후 도착 안내 표지판을 따라 걸어 나와서 입국 심사대Passport Control에 여권을 제출하고 입국 도장을 받으면 된다. 베트남은 15일 이내 여행자는 비자가 필요하지 않으며 별도의 입국, 세관신고서를 작성하지 않아도 된다. 입국 수속하는 창구는 내국인과 외국인으로 나누어져 있는데 줄이 길 때는 관계없이 진행하기도 하니 눈여겨보자. 간혹 출국 티켓을 보여달라고 하는 경우가 있으니 오프라인에서 확인할 수 있도록 캡처하거나 프린트하는 것이 좋다.

❷ 수하물 찾기

전광판에서 자신이 타고 온 항공편의 컨베이어 벨트 번호를 확인한 후 위탁 수하물을 찾으면 된다. 짐이 분실되었다면 수하물 표Baggage Claim Tag를 직원에게 보여 주자.

❸ 환전, 심카드 구입하기

심카드는 위탁 수하물을 찾는 컨베이어 벨트 옆에서 판매하고 있으니 짐을 기다리며 구입하면 편하며 달러화도 사용이 가능하다. 위탁 수하물을 찾은 후 공항 건물 밖으로 나와서 왼쪽으로 10m 정도 이동하면 환전소가 나오는데 시내에 비해 환율이 좋은 편은 아니므로 택시비 등 꼭 필요한 금액만 환전하는 것이 좋다.

❹ 시내로 이동하기

출구에는 호객하는 택시 기사들과 픽업 차량이 피켓을 들고 손님을 기다리고 있다. 택시는 바가지가 심한 편이니 택시 호출 애플리케이션인 그랩 앱을 이용해 공항 밖으로 나오기 전에 택시를 부르자. 사용 방법은 우버, 카카오 택시와 동일하다.

공항에서 시내로

다낭 공항에는 대중교통이 다니지 않기에 공항에서 시내로 이동하려면
택시나 호텔 픽업 서비스를 이용해야 한다.

01 그랩

다낭 여행의 꽃, 그랩은 카카오 택시, 우버와 같은 콜택시 시스템으로 언어가 통하지 않거나 택시 사기를 피할 수 있어서 매우 유용하다. 한국에서 미리 앱 설치와 번호 인증을 마치는 것이 편리하고 미리 고지된 금액만큼만 지불하면 된다. 간혹 그랩 기사인 척 손님을 태우는 경우도 있으니 차 번호가 맞는지 꼭 확인해 보자. 또한, 카카오톡 아이디를 알려주며 필요 시 연락하라는 사람도 있는데 다낭-호이안 등 장거리는 직접 흥정하는 것이 더 저렴하니 차 상태가 괜찮았다면 카카오톡을 통해 예약하는 것도 나쁘지 않다. 인원이 많을 때는 그랩 플러스나 6인승을 선택할 수 있는데 Tuyen이라는 단어가 들어간 회사는 바가지를 씌우는 경우가 많으니 피해야 한다. 사진과 함께 자세한 설명을 보고 싶다면 저자 블로그에서 그랩을 검색해 보자.

02 택시

미터기로 가야 하지만 간혹 미터기를 켜지 않고 바가지 요금을 부르는 경우가 있으니 탑승 전 미터기로 갈 것인지 확인하는 것이 좋다. 미터기의 가격에 톨게이트 비용을 추가로 요구하는 경우가 많은데 공항에 들어갈 때만 내는 것이니 원칙적으로는 내지 않는다. 실랑이하고 싶지 않다면 그랩Grab 애플리케이션의 도움을 받자.

03 픽업 서비스

호텔이나 현지 여행사를 통해 예약할 수 있고 택시보다 비싼 편이지만 일행이 많거나 밤늦게 도착했을 때 헤매는 수고를 덜 수 있어서 적절히 이용하면 유용하다.

04 무료 공항 셔틀

숙소를 예약했다면 홈페이지에서 무료 공항 셔틀 정보를 찾아보자. 따라서 숙소 예약 시 미리 확인하는 것이 좋다.

베트남 교통 정보

다낭 여행의 인기가 급증한 이유 중 하나로 저렴하고 손쉽게 이용할 수 있는 택시를 손꼽을 수 있다.
다낭과 호이안을 오갈 때는 택시, 다낭과 훼를 오갈 때는 버스나 기차를 이용한다는 것을 기억하자.

택시

다낭 여행 중 가장 많이 이용하는 교통편은 단연 택시이다. 미터기를 조작하거나 길을 돌아가는 베트남 택시 사기는 여행자들이 자주 겪는 일인데 다행히 다낭 지역에서는 많이 일어나지 않는 편이다. 그래도 안전이 검증된 비나썬Vinasun이나 마이린Mai Linh 회사의 택시를 타는 것이 좋다. 택시의 크기, 회사마다 기본요금이 다르니 인원수에 맞는 택시에 탑승하는 것이 좋다. 영어가 잘 통하지 않는 경우가 많으니 택시 기사에게 책에 적힌 주소와 사진을 보여 주는 것이 좋다.

🐸 알아두면 유용한 꿀팁

미터기에 적힌 숫자는 숫자 0이 2개 생략된 것으로 7.0=7,000동, 15.0=15,000동이다. 7K 혹은 15K로 표기하기도 한다.

버스

다낭 지역의 버스는 크게 세 가지로 나눌 수 있다. 다낭과 호이안을 연결하는 시내버스와 숙소에서 운영하는 셔틀버스 그리고 다낭-호이안, 다낭-훼 지역을 연결하는 오픈 버스가 있다. 다낭, 호이안, 훼 모두 시내에서는 대부분 도보 이동이 가능하고 택시를 타도 15분 이내라 시내버스를 이용할 일이 없다. 다낭에서 호이안이나 훼로 이동 시 시내버스와 오픈 버스를 이용하게 되니 각 도시 내 교통 정보를 참고하자. 또한, 많은 숙소가 유·무료 셔틀버스를 운행하는데 다낭과 호이안을 오갈 때 굉장히 유용하다.

🐸 알아두면 유용한 꿀팁

다낭에는 왜 버스가 많이 다니지 않을까?
다낭 여행을 하다 보면 대중교통이 발달하지 않은 이유를 궁금해하는 여행자가 종종 있다. 베트남에서는 어릴 때부터 자전거와 오토바이를 타고 다니고 대부분 개인 오토바이가 있기 때문에 버스가 있어도 이용할 일이 없다고 한다. 오토바이를 빌려서 여행하는 사람도 있지만 운전이 쉽지 않은 편이니 즐거운 여행을 위해 모험은 하지 않는 것이 좋다.

기차

다른 교통수단에 비해 느리지만 다낭에서 훼로 이동할 때는 추천! 하이반 고개 구간에 터널이 개통되어 버스로 이동 시 수려한 경관을 볼 수 없게 되었는데 기차는 해안선을 따라 하이반 고개를 넘기 때문에 또 다른 매력을 즐길 수 있다. 예약 및 탑승 방법은 훼 도시 내 교통 정보를 참고하자.(p.181)

쎄옴

쉽게 말해 오토바이 택시이다. 거리를 걷다 보면 '모터바이크'라고 외치며 오토바이를 가리키는 사람이 있는데 이들이 쎄옴 기사이다. 오토바이 뒷좌석에 타고 이동하는데 탑승 전 반드시 흥정을 해야 하고 도착 후 가격을 다르게 부르는 사람도 있으니 이왕이면 메모를 해서 함께 확인하고 가지고 있는 것이 좋다. 정해진 가격은 없지만 대략 택시의 3분의 1에서 4분의 1 가격에 이용할 수 있다. 반드시 헬멧을 착용해야 하고 저녁에는 술을 마시고 운행하는 기사도 있으니 약간이라도 미심쩍다면 타지 말자. 간혹 불쾌한 신체 접촉을 해 오는 사람도 있어 외진 곳에 갈 때는 택시를 이용하는 것이 좋다.

자전거

호이안을 여행하다 보면 베트남 전통 의상인 아오자이를 입고 자전거를 타고 등하교하는 아이들을 자주 볼 수 있다. 호이안의 숙소에는 무료로 자전거를 대여해 주는 곳이 많으니 여유를 부리며 느릿느릿 돌아보고 싶다면 자전거를 타고 길을 나서 보자. 바다 쪽으로 이동한다면 오토바이 운전을 거칠게 하는 사람들도 있으니 안전에 주의하는 것이 좋다.

씨클로

베트남의 상징적인 교통 수단인 씨클로는 자전거 앞쪽
좌석에 손님을 앉히고 기사가 뒤에서 자전거 페달을 밟
으며 이동한다. 사람이 직접 몰기 때문에 먼 거리 이동
은 어렵고 다낭 시내 혹은 호이안 구시가지를 도는 투어
로 많이 이용된다. 특히 호이안에 골목길을 걷다 보면 씨
클로가 많이 지나다니는데 특이하게도 기사가 직접 입으
로 '삡삡' 소리를 내며 비켜 달라고 한다. 탑승 전에 반드
시 가격 흥정과 시간, 구체적인 루트를 확인해야 하고 내
릴 때 가격을 바꾸는 경우가 많으니 되도록이면 숫자를
적어서 함께 확인 후 내릴 때까지 가지고 있는 것이 좋
다. 거스름돈을 돌려 주지 않는 경우도 많으니 잔돈을 미
리 준비하는 것이 좋고 바가지를 씌우려고 한다면 흥정
한 가격만 씨클로에 두고 가면 된다.

길을 건널 때는 이것만 기억하세요

다낭에 살며 길 건너는 것을 어려워하는 여행자를 많이 만났다. 언뜻 보기에는 차
와 오토바이가 차선을 지키지 않고 사람들은 마구잡이로 무단횡단을 하는 것처럼
보이지만 그래도 그들만의 룰이 있다. 안전과 직결되는 문제이니 아래 주의사항을
꼭 기억해 두자.

1 절대 뛰지 않는다.
무단 횡단을 해야 하는 상황이 많은 다낭 여행. 차가 쌩쌩 지나다니는 곳이라도 차
가 알아서 피해 갈 수 있도록 천천히 걸어가는 것이 좋다. 단, 밤에는 보이지 않을
수 있으니 각별히 주의해야 한다.
2 현지인이 건널 때 같이 건넌다.
길을 건너는 현지인이 있다면 옆에 딱 붙어서 같이 건너자.
3 초록 불이라도 안심하고 건너는 것은 금물!
초록 불이라도 지나가는 차가 많으니 천천히 주의를 살피며 건너는 것이 좋다.

welcome to
Da Nang

다 낭

Đà Nẵng · Mỹ Khê · Ba Na Hills

Đà Nẵng Travel Plan

볼거리가 많지 않고 그나마도 쪼르르 몰려 있어서 동선이 아주 짧다.
그렇게 아낀 시간 리조트에서 칵테일 한 잔 놓고 좋아하는 노래를 실컷 들으며
아무것도 하지 않을 자유를 한껏 만끽해 보자.

여행자들이 즐겨 찾는 여행지 BEST 3

분홍빛 외관이 시선을 끄는
다낭 대성당

베트콩의 거점으로 이용된 대리석 산
오행산

세계에서 가장 긴 케이블카가 있는
바나 힐스

❶ 용교
　▼도보 1분
❷ 참 박물관
　▼도보 10분
❸ 다낭 대성당
　▼도보 3분
❹ 한 시장
　▼택시 10분
❺ 미케 해변
　▼택시 20분
❻ 린응사
　▼택시 20분
❼ 탑 바에서 야경

알아두면 유용한 꿀팁

1. 일정을 여유롭게 보내고 싶다면 리조트에서 휴식하다가 느지막이 시내로 나와서 한강 주변을 돌아보는 것도 좋다.
2. 오행산은 리조트가 모여 있는 논느억 해변 쪽에 위치하여 대부분 리조트에서 제공하는 무료 셔틀버스를 이용할 수 있고, 시내 호텔에 묵는다면 호이안으로 가는 길목에 있으니 오가며 방문하는 것이 좋다.
3. 좀 더 현지 분위기를 느끼고 싶다면 한 시장 대신 꼰 시장에 들러 보자.

다낭 드나들기

국제공항이 있어서 다낭 여행의 처음이자 마지막 도시로 다양한 교통수단을 이용해 호이안과 훼를 다녀올 수 있다.

버스

다낭 시내를 오가는 많은 노선이 있지만 여행자가 이용하는 것은 호이안을 오가는 1번 버스다. 다낭 성당 앞에서 탑승하고 한 시장 뒤에서 하차하면 된다. 호이안까지는 약 1시간 30분 소요되고 현지인들은 2만 동을 내지만 여행자에게는 5만 동에서 7만 동까지도 요구하는 편이니 잔돈을 준비하는 것이 좋다. 버스에 탑승하면 차장이 와서 버스비를 받아 간다. 탑승장은 버스 노선도의 초록색 버스 노선을 참고하면 되고 앱을 이용하면 현재 위치에서 가장 가까운 탑승장을 볼 수 있다.

시간 05:30~17:30(배차 간격 20분)
버스 노선도 ecobus.danang.gov.vn/web/guest/homepublish(베트남어)
애플리케이션 DanaBus(영어)

오픈 투어 버스

여행사에서 운영하는 버스로 주로 다낭에서 훼에 갈 때 이용한다. 매일 09:15, 14:30 2회 운행하고 각 3시간에서 3시간 30분 정도 소요되며 버스 타입은 누워서 갈 수 있는 슬리핑 버스이다.

신 투어리스트 The Sinh Tourist
Address 16 3 Tháng 2, Thuận Phước, Hải Châu
Tel 0236-3843-259 **Web** thesinhtourist.vn

기차

다낭과 훼를 오갈 때 이용하는 교통수단으로 하루에 6번, 4시간이 소요된다. 다낭과 훼를 오가는 노선은 베트남에서도 손꼽히는 절경으로 여유가 있다면 한번쯤 이용해 볼 만하다.

Address 791 Hải Phòng, Tam Thuận, Thanh Khê
Web dsvn.vn

미니밴

다낭 – 호이안 – 훼를 오가는 16인승 밴으로 25만 동에 탑승할 수 있다. 버스보다 빠르고 연계된 호텔에 묵으면 바로 앞에서 내릴

수 있다는 점이 편리하다. 운행 시간은 홈페이지를 참고하자.

Tel 0235-3861-121
Reservation sales@barrianntravel.com
Web www.barrianntravel.com

리조트 셔틀버스

리조트 숙박객은 호이안을 오가는 셔틀버스가 있는지 미리 확인해 두는 것이 좋다. 대부분 정해진 시간에 운행하고 몇 시간 전에 미리 신청해야 이용할 수 있다.

뭐 타고 다니지?

다낭의 볼거리는 크게 박당 거리와 미케 해변으로 나눌 수 있다. 다낭 택시는 매우 저렴하니 충분히 활용하자.

택시(그랩)

공항에서 시내까지는 10~15만 동, 시내에서 해변 리조트까지는 15~18만 동, 다낭에서 호이안은 30만 동이다. 만일 터무니없는 가격이 찍혀 있다면 미터기를 조작했을 수 있으니 강력히 항의하자.

쎄옴

택시보다 저렴한 가격에 이용할 수 있지만 짐이 많을 때는 이용할 수 없다. 밤에는 음주 운전을 하는 기사가 많으니 이용하지 않는 것이 좋다.

스파 픽업 택시

스파 중 예약하면 무료로 송환 택시를 보내주는 곳이 많다. 따라서 가고 싶은 볼거리와 가까운 곳의 스파를 예약하면 효율적으로 여행할 수 있다.

다낭 전도

린응사 →

다낭 시내

팜반동 해변

펜티리교
Cầu Trần Thị Lý

다낭 국제 공항

바나 힐스 →

썬 휠
Sun Wheel

아시아 파크
Asia Park

롯데 마트
Lotte Mart

미케 해변

논느억 해변

반지로 레스토랑
Banjiro

버거 브로스
Burger Bros.

루나 펍
Luna pub

오큐 바
OQ Bar

라 스파
La Spa

블로썸 시티 호텔
The Blossom City Hotel

바니스 호스텔
Barney's Hostel

루남 비스트로
Runam Bistro

다낭 1975
Danang 1975

유람선
선착장

노보텔 스카이 36
Novotel Sky 36

하노이 쓰어
HaNội Xưa

❶ 한강
Sông Hàn

행복 식당

냐항 랑 응에
Nhà Hàng Làng Nghề

미아 커피
Mia Coffee

파빌리온 가든
The Pavilion Garden

분 짜 까 109
Bún Chả Cá 109

코코 그린
KoKo Green

골든 파인
Golden Pine

미꽝 1A
Mì Quảng 1A

한강교
Cầu Sông Hàn

꽌 쩨 쑤언 짱
Quán Chè Xuân Trang

퍼 쓰어 1
Phố Xưa 1

하이랜드 커피
Highland Coffee

쭝 응우옌 레전드
Trung Nguyên Legend

벨라 피자
Bella Pizza

콩 카페
Công cà phê

해피 브레드
Happy Bread

케이 마트
K-Mart

곤 시장
Chợ Cồn ❻

❺ 한 시장
Chợ Hàn

빅 씨
Big C

다낭 대성당
Giáo xứ Chính toà Đà Nẵng
❹

워터프론트 레스토랑 & 바
Waterfront Restaurant & Bar

불러바드 젤라또 앤 커피
Boulevard Gelato And Coffee

퍼 박 하이
Phở Bắc Hải

꽌 껌 훼 응온
Quán Cơm Huế Ngon

바 부이
Bà Vui

밤부 2 바
Bamboo 2 Bar

사랑의 다리
Cầu Tàu Tình Yêu

반 베오 바 베
Bánh Bèo Bà Bé

뭄따즈 레스토랑
Mumtaz Restaurant

잉어 조각상
Cá Chép Hóa Rồng

커피 34
Coffee 34

더 커피 하우스
The Coffee House

밴다 호텔
Vanda Hotel

용교
Cầu Rồng

봉 빠
Bon Pas

❸ 참 박물관
Bảo tàng Điêu khắc Chăm Đà Nẵng

코코 그린
Koko Green

바 융
Bà Dưỡng

꽌 자이 록
Quán Đại Lộc

0   150m   30

N

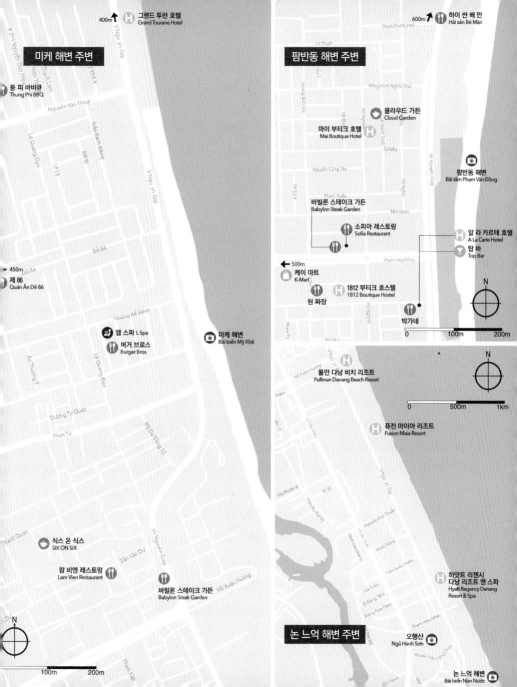

미케 해변 주변

400m ↑ 그랜드 투란 호텔
Grand Tourane Hotel

통 피 바바큐
Thung Phi BBQ

450m ▪
제 86
Quán Ăn Dê 86

엘 스파 L Spa
버거 브로스
Burger Bros

미케 해변
Bãi biển Mỹ Khê

식스 온 식스
SIX ON SIX

람 비엔 레스토랑
Lam Vien Restaurant

바빌론 스테이크 가든
Babylon Steak Garden

100m   200m

팜반동 해변 주변

600m ↑ 하이 싼 베 만
Hải sản Bé Mặn

클라우드 가든
Cloud Garden

마이 부티크 호텔
Mai Boutique Hotel

팜반동 해변
Bãi tắm Phạm Văn Đồng

바빌론 스테이크 가든
Babylon Steak Garden

소피아 레스토랑
Sofia Restaurant

알 라 카르테 호텔
A La Carte Hotel

탑 바
Top Bar

← 500m

케이 마트
K-Mart

원 짜장

1812 부티크 호스텔
1812 Boutique Hostel

박가네

N

0   100m   200m

논 느억 해변 주변

N

풀만 다낭 비치 리조트
Pullman Danang Beach Resort

퓨전 마이아 리조트
Fusion Maia Resort

0   500m   1km

하얏트 리젠시
다낭 리조트 앤 스파
Hyatt Regency Danang
Resort & Spa

오행산
Ngũ Hành Sơn

논 느억 해변
Bãi biển Non Nước

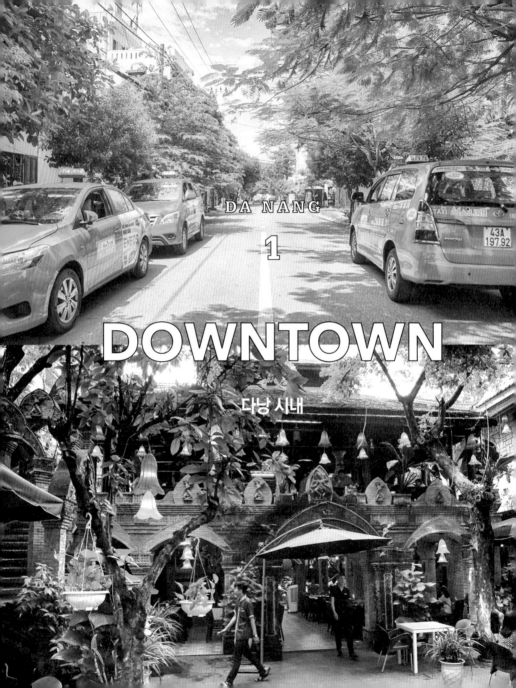

DA NANG

1

DOWNTOWN

다낭 시내

다낭은 휴양지 느낌보다 도시의 색채가 강한 곳이지만, 해안선을 따라 들어선 리조트는 한 발짝도 나가고 싶지 않을 만큼 훌륭한 시설과 서비스를 선보인다. 상상을 초월한 저렴한 물가에 돈이 남아서 고민이라는 복에 겨운 이야기가 나올 만큼 저렴한 사치를 부릴 수 있는 행복한 여행지, 다낭. 바다를 향해 있어서 가슴이 탁 트이는 린응사, 신비한 매력을 지닌 오행산, 세계에서 가장 긴 케이블카를 타고 올라가는 구름 속의 놀이동산 바나 힐스, 한강의 멋진 야경과 함께 루프톱 바에서 즐기는 칵테일 등 다낭의 치명적인 매력에 빠져 보자.

Da Nang
Spot ❶

이곳을 빼고 다낭을 논할 수 없다

한강 Sông Hàn

MUST SEE

다낭에 도착한 첫날부터 그리 낯설지 않은 느낌이 든다면 분명 이름도, 풍경도 비슷한 한강 덕분일 것이다. 해변과 시내 사이를 흐르는 한강은 호이안이 있는 꽝남Quảng Nam 지역에서 유입되어 남중국해로 흐르는 강으로, 다낭을 가로지르며 시민들에게 쉼터를 제공한다. 한강을 사이에 두고 박당Bạch Đằng 거리 쪽 시내는 로컬 분위기를 느낄 수 있고 바다 쪽은 대형 리조트가 즐비하다.

Da Nang
Spot ❷

2% 부족하지만 빠뜨리기 아쉬운

아시아 파크 Asia Park

한국의 놀이동산에 비하면 작은 규모지만 아이들의 꿈과 희망은 찾아줄 수 있을 듯하다. 입구에 한국어 지도 팸플릿이 있으며, 입장권만 구입하면 회전목마부터 작은 롤러코스터, 자이로 스윙 등 어트랙션을 비롯해 오락실에 있는 게임기도 무료로 이용할 수 있다. 나라별 유적지를 재현한 건축물도 볼 만한데 특히 캄보디아의 앙코르 사원이 가장 인기가 많다. 해가 완전히 지기 전에 입장해 2층에 위치한 모노레일을 타고 공원을 한 바퀴 돌며 위치를 파악한 후, 놀이기구를 타거나 볼거리를 즐기자. 마지막 코스로는 관람차 썬 휠Sun Wheel을 타고 한강 야경 즐기기를 추천한다. 참고로 간식을 파는 곳이 있지만 종류가 다양하지 않은 편이니 근처에 있는 롯데 마트에서 미리 구매하는 것이 좋다.

Address	1 Phan Đăng Lưu, Hoà Cường Bắc
Tel	0236-3681-666
Open	월~금 15:00~22:00, 토~일 09:00~22:00
Access	용교에서 차로 10분
GPS	16.03926, 108.22853
Web	danangwonders.sunworld.vn
Admission	월~목 성인 200,000₫, 어린이 150,000₫(1.3m 이상), 금~일 성인 300,000₫, 어린이 200,000₫

한강 야경 즐기기

용교 Cầu Rồng

다낭의 랜드마크 노릇을 톡톡히 하는 용교는 세계에서 가장 큰 철제 용이 다리를 관통하는 모양으로 설계되었고 용의 꼬리는 연꽃을 형상화했다. 매주 주말이면 이곳에서 불 쇼와 물 쇼가 펼쳐져 많은 사람이 구경하기 위해 모여 든다.

Address   Nguyễn Văn Linh, Phước Ninh, Sơn Trà
Access   참 박물관에서 도보 1분
GPS   16.06121, 108.22697

Tip 알아두면 유용한 꿀팁

주말이면 20:50에 교통을 중단하고 21:00부터 18번의 불 쇼와 3번의 물 쇼가 펼쳐진다. 쇼가 가장 잘 보이는 곳은 다리 근처에 있는 몰리 커피 루프톱과 용교 밑 사랑의 다리로 어마어마한 인파가 몰려들기 때문에 전화나 인터넷이 잘 터지지 않을 수 있으며 소매치기에 주의하는 것이 좋다. 용교 머리 오른쪽 아래에서는 꽝남 지역 전통 놀이를 진행하니 잠시 들러서 관람해 보자.

사랑의 다리 Cầu Tàu Tình Yêu

용교 머리 쪽으로 내려가면 빨간 하트 모양 전등이 나무처럼 세워져 있는데, 이 길이 사랑의 다리이다. 자물쇠를 채울 수 있는 곳이 있고, 야경이 아름다워 데이트 장소로 인기가 많다. 근처에 베트남식 팥빙수인 쩨Chè와 음료, 국수, 구이를 파는 노점상이 있다.

GPS   16.06333, 108.22962

노보텔 SKY36

한강 야경을 가장 멋지게 즐길 수 있는 곳으로 밤 12시를 기점으로 분위기가 무르익어간다. 가격대가 좀 있는 편인데 비슷한 야경을 저렴하게 즐기고 싶다면 브릴리언트 호텔 Briliant hotel 루프톱을 추천한다.

Address   36 Bạch Đằng, Thạch Thang, Hải Châu
Tel   0236-3929-999
Open   20:00~01:00
GPS   16.06333, 108.22962

한강을 제대로 즐기고 싶다면 노보텔 호텔 앞 선착장에서 출발하는 크루즈를 이용해 보자. 간혹 사고가 일어나는 만큼 안전을 위해서 반드시 공인된 크루즈를 이용해야 한다는 것을 잊지 말자.

price   100,000đ
Web   한강 유람선 www.dulichsonghan.net, 따우롱 쏭한 www.taurongsonghan.com
gps   16.06613, 108.22765

잉어 조각상 Cá Chép Hóa Rồng

사랑의 다리를 따라 조금 걸어가면 용 머리에 물고기 꼬리를 가진 잉어 조각상^{Cá Chép Hóa Rồng}을 볼 수 있다. '포켓몬' 세대라면 잉어킹이 진화하여 가라도스가 된다는 것을 알 텐데, 바로 이 잉어가 잉어킹의 모티브가 되었다. 자세히 보면 입에 여의 주도 물고 있다. 재밌는 것은 이 근방에서 모바일 게임〈포켓몬 고〉를 켜면 잉어킹 이 자주 출몰한다는 것!

———
GPS   16.06285, 108.22984

한강교 Cầu Sông Hàn

평범해 보이지만 매일 23:45에 차량 진입을 막고 밤 12시부터 30분간 5,000t의 배가 지나갈 수 있도록 다리를 올린다. 다음 날 일정에 지장을 주면서 꼭 봐야 할 만큼 특별한 볼거리는 아니다. 근처 호텔에 묵으면 창문을 통해 보면 될 정도.

———
Address Cầu Sông Hàn, Hải Châu 1, Hải Châu

Access   한 시장에서 도보 10분   GPS 16.07193, 108.22513

쩐띠리교 Cầu Trần Thị Lý

1960년대 다낭 최초로 한강을 잇기 위해 지어진 다리를 2013년에 재건축한 것으로 여성 독립 운동가, 쩐띠리^{Trần Thị Lý}의 이름을 붙인 것이다. 그녀는 하노이에서 다낭으로 이주한 후 이곳에서 생을 마감했고 바다를 향해 항해하는 닻은 그녀의 불굴의 정신을 기린 것이다. 밤이면 불이 들어오는 다리도 멋있지만 근처에 있는 아시아 파크의 썬 휠과 한강이 어우러지는 야경도 일품이다.

———
Address Cầu Trần Thị Lý

Access   용교에서 차로 8분   GPS 16.050232, 108.228784

Da Nang
Spot ❸

참파 왕국의 진수를 느낄 수 있는
참 박물관 Bảo tàng Điêu khắc Chăm Đà Nẵng

MUST SEE
샛노란 외관을 한 프랑스 식민 시대의 건축물로, 현재는 1898년 미 썬 유적지에서 발견된 2,000여 개의 유물 중 약 500개를 전시하고 있다. 훼손 정도는 심하지만 규모에 비해 많은 유물이 전시되어 있는 편이며, 사라진 참파 왕국을 보여 주는 유일한 박물관이기에 역사적 가치가 높다. 참파 왕국은 베트남 중부 지역에 대해 이야기할 때 빼놓을 수 없는 왕조로, 다른 지역의 유적지들이 중국 색을 띠고 있는 것과 달리 남인도와의 해상 무역이 활발히 이루어졌던 왕조이기에 힌두교의 영향을 많이 받았다. 시바 신의 석상이 많이 발견된 것으로 보아 시바 신을 모신 사원이 많았다는 것을 유추할 수 있고 대승 불교를 받아들인 시대에 만들어진 유물은 불교의 색채가 강한 편이니 시대를 구분하여

둘러보는 것이 좋다.

전시실은 지역에 따라 미 썬Mỹ Sơn(7~10세기), 짜끼에우Trà Kiệu(7~12세기), 동즈엉Đồng Dương(9~10세기), 탑 맘Tháp Mắm(11~14세기), 꽝 찌Quảng Trị(7~8세기), 꽝남Quảng Nam(10~12세기), 빈 딘 Bình Định(12~13세기)으로 나누어져 있다.

Address	2 Tháng 9, Hải Châu
Tel	0236-3470-114
Open	월~금 06:00~17:00, 토~일 11:00~15:00
Access	용교 꼬리 옆
GPS	16.0607, 108.22344
Web	www.chammuseum.vn
Admission	성인 60,000₫, 대학생 10,000₫, 18세 이하, 장애인 무료

참 박물관 용어 사전

링가(링감) Linga

시바 신은 종종 여성기인 요니와 합일한 모습의 남성기인 링가(링감)로 표현되기도 하는데, 이는 다산을 상징한다. 시바는 세상을 파괴하고 바닷속으로 잠수, 수만 년 동안 새로운 세상 창조를 구상하고 있었는데 그를 기다리던 브라마 신이 참지 못하고 나름대로 세상을 창조했다. 이에 격분한 시바 신은 다시 세상을 파괴하기 시작했고, 창조의 근원인 자신의 남근을 빼버렸다. 이에 놀란 브라마 신이 시바 신에게 참아달라고 간청하니 시바 신은 파괴를 멈추고 하늘로 올라가며 남근을 버렸고 사람들이 주워다가 숭배를 하기 시작했다. 힌두교들은 링가 아래 있는 받침대는 시바 신의 부인인 샥티의 요니로 이곳에 재스민 향을 피우고 연꽃씨 기름을 붓고 꽃잎을 띄우고 난 후 다시 양젖을 부어서 흘러내리는 액체를 마시면 아픈 곳이 치료된다고 믿는다.

시바 Shiva
파괴의 신 시바는 파란색 피부와 세 개의 눈을 가진 신으로 목에 뱀을 두르고 삼지창을 들고 있다. 힌두교에서 가장 추대받는 신이며 황소인 난디를 타고 다닌다. 파란 피부를 갖게 된 것은 바수카(나가의 다른 이름)의 독을 마셨기 때문이다.

비쉬누 Vishnu
질서의 신 비쉬누는 10개의 아바타(다른 모양을 한 화신)를 가지고 있는데 석가모니도 이에 포함된다. 4개의 팔에 가루다를 타고 다닌다.

압사라 Apsara
힌두 대서사시인 라마야나에 등장하는 천상의 무희로 춤사위를 표현하고 있는 조각이 많다.

가네샤(가네쉬) Ganesh
사람의 몸과 코끼리 얼굴을 가진 가네샤는 지혜와 재물의 신으로 상인들에게 가장 사랑받는 신이며, 시바와 파르바띠의 아들로 쥐를 타고 다닌다.

브라마 Brahma
창조의 신 브라마는 동서남북을 향한 4개의 얼굴을 가지고 있다. 연꽃에서 태어나서 항상 연꽃 위에 앉은 모습으로 표현된다.

타라 Tara
관세음보살의 눈물에서 태어났다고 전해지는 티벳 불교의 여성 보살인 타라는 고통의 강을 건너 주는 해탈의 어머니로 성공의 화신으로 실현되기도 한다.

Da Nang
Spot ④

화려한 외관에 가려진 아픔
다낭 대성당 Giáo xứ Chính toà Đà Nẵng

고층 건물 빼곡한 골목 사이를 걷다 보면 유독 눈에 띄는 분홍빛 성당을 만나게 된다. 성당 꼭대기에 수탉 모양의 풍향계가 있어서 수탉 성당Nhà Thờ Con Gà 이라고도 불리는 다낭 대성당은 규모는 작지만 사랑스러운 외관과 고딕 양식의 이색적인 분위기로 여행자를 이끈다. 하지만 이곳은 1923년 프랑스 식민 시절 지어진 것으로 다낭 주민들에게 있어서는 제국주의의 흔적이자 상처이다. 분명 이색적인 볼거리는 맞지만, 그 모습이 씁쓸하게 느껴지는 것은 어쩔 수 없다. 성당 뒤쪽으로 동굴 성당이 있으니 함께 둘러보면 좋다.

Address	156 Trần Phú, Hải Châu
Tel	0236-3825-285
Open	월~토 06:00~17:00, 일 11:30~13:30 / 미사 월~토 05:00, 17:00, 일 05:15, 08:00, 10:00(한국어), 15:00, 17:00, 18:30
Access	한 시장에서 도보 3분 거리
GPS	정문 16.066601, 108.223003 후문 16.06671, 108.22266
Web	www.giaoxuchinhtoadanang.org
Admission	무료

 알아두면 유용한 꿀팁
2016년 9월부터 5년간 다낭에 파견된 김성수 바오로 신부님의 주관 하에 일요일 오전 10시, 주교관 미사실에서 한국어 미사가 열린다.

여행자가 즐겨 찾는
한 시장 Chợ Hàn

 현지인이 즐겨 찾는
꼰 시장 Chợ Cồn

다낭 대성당, 콩 카페 등 여행자들이 많이 지나가는 동선에 있어서 꼰 시장보다 찾는 여행자가 많은 편이지만 관광지로 부상하며 가격이 오르는 추세라 현지인들은 많이 오지 않는다. 1층에는 건어물과 채소, 과일, 생선 등 식재료 가게와 의자에 앉아 식사할 수 있는 식당이 있고, 2층은 주로 의류를 취급하는데 베트남 전통 의상인 아오자이도 주문 제작이 가능하다. 정가제로 운영되지 않으니 흥정은 필수이다(p.46 참고). 한 시장 근처에 있는 금은방에서 환전할 수 있는데 은행보다 환율이 좋은 편이다.

현지인들이 즐겨 찾는 시장으로 다낭 최대 규모를 자랑한다. 식료품은 물론 의류, 잡화를 취급하며 식당가가 형성되어 있다. 길이 좁아서 사람이 많을 때는 지나다니기조차 쉽지 않지만, 발품을 팔면 저렴한 가격에 좋은 물건을 구할 수 있다. 대체로 한 시장보다 저렴해 흥정을 많이 하지 않아도 되고 호객 행위가 심하지 않아서 구경하기 편하다. 시장 구경의 포인트는 뭐니 뭐니 해도 군것질! 목이 마르면 시원한 주스 한 잔, 배가 고프다면 철제 테이블에 앉아 국수 한 그릇 먹는 재미를 놓치지 말자.

Address	119 Trần Phú, Hải Châu
Tel	0236-3821-363
Open	06:00~20:00
Access	정문은 쩐뿌 거리에 있고 한강 맞은편 박당 거리 쪽으로도 들어갈 수 있다
GPS	16.068282, 108.224027

Address	318 Ông Ích Khiêm, Hải Châu 2
Tel	0236-3837-426
Open	06:00~20:00
Access	한 시장에서 도보 15분
GPS	16.06771, 108.21435

다낭 최고의 커피를 맛볼 수 있는

쭝 응우옌 레전드
Trung Nguyên Legend

MUST EAT 허름한 골목길을 지나다 보면 눈이 번쩍 뜨일 만큼 휘황찬란한 인테리어를 자랑하는 이곳을 발견할 수 있다. 초록의 향연을 뽐내는 야외 석과 시원한 에어컨이 나오는 실내 석으로 나누어져 있고 항상 사람이 많은 편이지만 좌석 간 거리가 멀어서 붐빈다는 느낌은 크게 들지 않는다. 이곳은 베트남 여행 선물로 가장 많이 구입하는 빨간 패키지의 G7 회사에서 운영하는 카페로 G7보다 맛있는 커피가 많이 있으니 이곳에서 맛보고 바로 옆에서 판매하는 원두를 구입해 보자. 메뉴에 쓰여 있는 커피 종류가 다양한데 블렌딩에 따라 이름이 다른 것이니 설명을 찬찬히 읽어 보는 것이 좋다. 추천하고 싶은 번호는 초콜릿 향이 강하면서도 쌉쌀한 맛이 나는 8번이다. 족제비 위즙 커피도 마셔 볼 수 있으니 관심 있다면 주문해 보자.

Address	138 Nguyễn Thị Minh Khai, Phường Hải Châu
Tel	0236-3812-291
Open	06:30~22:00
Access	다낭 대성당에서 도보 10분
GPS	16.07004, 108.21871
Cost	đ

투박하지만 정직한 맛의 커피
미아 커피
Mia Coffee

인더스트리얼 인테리어가 멋스러운 곳으로 관광객이 몰리는 중심가에서 조금 벗어나 있어서 한적하다. 명당은 2층의 창가 자리로 이곳에 앉아 밖을 내다보면 아오자이를 휘날리며 가는 베트남 여인, 엄마 허리를 꼭 붙잡고 오토바이 뒤에 탄 아이, 바나나를 잔뜩 싣고 자전거 페달을 밟는 상인 등 다양한 사람들을 볼 수 있다. 1층에 로스터기가 있는 로스터리 카페인 만큼 신선한 원두를 사용한 커피는 기본! 마셔 보고 괜찮다면 1층에서 원두도 구입해 보자. 호이안에도 같은 이름의 카페를 운영하고 있다.

Address	9 Quang Trung, Hải Châu
Tel	0905-748-765
Open	06:30~18:30
Access	한 시장에서 도보 12분
GPS	16.075199, 108.222282
Cost	đ

진짜 베트남 카페가 궁금하다면?

커피 34

coffee 34, billiard

언제나 입구를 꽉 채운 오토바이가 현지인들이 즐겨 찾는 곳임을 보여 준다. 안쪽으로 들어갈수록 술을 마시는 사람이 많아서 시끄러운 편이니 입구 근처에 있는 자그마한 테이블에 앉는 것이 좋다. 메뉴에 담배가 있으니 아이와 함께라면 흡연하지 않을 것 같은 사람 옆에 앉는 것이 좋다. 열린 공간이라 에어컨은 없지만 나무 그늘이 시원하고 자그마한 의자에 앉아서 장기를 두는 아저씨들을 구경하며 베트남 현지 느낌을 느끼기에 좋다. 자리에 앉으면 시원한 짜다를 무료로 제공하고 커피와 스무디, 요거트, 아이스크림 등을 판매하는데 관광객이 많이 찾는 카페의 절반 가격에 진한 맛의 음료를 즐길 수 있다. 인기 메뉴로는 연유를 넣은 카페 쓰어다^{Cà} ^{phê sữa đá}, 망고 스무디^{Yaourt Xoài}, 아보카도 주스^{Sinh tố bơ} 등이 있다.

TIP 알아두면 유용한 꿀팁

이곳에서 카페 쓰어다를 주문하면 나지막한 컵에 커다란 얼음이 나오는데 이것은 북부 하노이 스타일이고 목이 긴 컵에 잘게 부순 얼음과 함께 나오는 것은 사이공(호찌민) 스타일이다.

Address	34 Hoàng Văn Thụ, Phước Ninh
Tel	0986-477-777
Open	06:30~22:00
Access	참 박물관에서 도보 7분
GPS	16.06282, 108.22162
Cost	đ

화려한 인테리어에 저렴한 가격

퍼 쓰어 1
Phố Xưa 1

힌두교 석상과 벽돌로 만든 대문이 참파 유적지를 방불케 하는 퍼 쓰어 1. 내부로 들어서면 1층은 아름다운 정원, 2층은 동굴처럼 꾸며진 신비한 분위기를 자아낸다. 아직 알려지지 않은 숨은 맛집이어서 관광객보다는 현지인이 즐겨 찾는다. 선택의 폭이 넓은 두꺼운 메뉴판에 되려 메뉴 선정이 쉽지 않은데 볶음밥, 공심채 볶음(모닝 글로리), 쌀국수가 가장 무난하고 잡채같이 얇은 국수에 게살이 섞인 크랩 누들도 괜찮은 편이다. 단 하나뿐인 흔들의자는 언제나 인기 만점!

Address	17 Phan Đình Phùng, Hải Châu
Tel	0236-3894-589
Open	06:00~23:00
Access	한강교에서 도보 6분
GPS	16.070086, 108.223340
Cost	đđ

한강이 보이는 야경이 아름다운

워터프론트 레스토랑&바
Waterfront Restaurant & Bar

박당 거리에서 유독 세련된 인테리어로 눈길을 끄는 워터프론트는 1층은 때때로 라이브 공연이 열리는 바^{Bar}, 2층은 에어컨이 설치된 레스토랑과 테라스 자리로 나누어져 있다. 한국어 메뉴가 있어서 주문 시 편리하고 태국 커리부터 농어 구이, 파스타, 스테이크까지 선택의 폭이 넓고 주류도 다양하게 구비되어 있다. 향긋한 레몬그라스를 가미한 소고기 볶음과 바삭하게 튀긴 깔라마리, 4가지 베트남 음식을 맛볼 수 있는 베트남 샘플러가 가장 인기가 많다. 식사 주문 시 다낭에서 보기 드문 식전 빵과 버터가 제공된다. 매일 오후 5시 30분부터 6시 30분까지는 해피아워로 음료 주문 시 같은 음료 한 잔을 더 제공받을 수 있고 매주 금, 토요일에는 1층에서 라이브 공연이 펼쳐진다.

Address	150 Bạch Đằng
Tel	0236-3843-373
Open	09:30~23:00
Access	다낭 대성당 도보 5분
GPS	16.066980, 108.224655
Cost	đđ

다낭 최고의 인기를 누리는

콩 카페

Cộng cà phê

귀에 쏙쏙 들어오는 귀여운 이름을 가진 콩 카페는 그늘이 없는 한강 주변을 걷다가 더위에 지쳐 어디라도 들어가고 싶을 때 만날 수 있는 곳이다. 주인이 80년대 다사다난했던 베트남의 유년 시절을 떠올리며 만든 곳으로 콩(현지 발음은 꽁에 가깝다)은 베트남 공산당을 의미하며 인테리어와 직원들의 유니폼에서도 공산당의 느낌이 물씬 풍긴다. 이곳에 오면 누구나 마시는 대표 메뉴는 코코넛 커피 스무디Sinh tố cốt dừa cà phê로 진하게 내린 커피에 얼린 코코넛 우유 덩어리를 넣어 달콤하고 부드러워 한 잔 마시면 힘이 펄펄 난다. 커피 외에도 차와 주스, 과일 모둠, 베이커리, 담배와 술도 판매하고 가게 내부는 흡연 구역으로 테이블마다 재떨이가 놓여 있으니 아이와 함께라면 환기가 잘되는 창문 가까이 앉는 것이 좋다. 2층 창가 자리에 앉으면 한강이 내려다보인다. 최근에 호이안에도 콩 카페가 생겼다.

Tip 알아두면 유용한 꿀팁

17:00~20:00는 해피아워로 맥주 2잔을 마시면 한 잔을 무료로 제공한다.

Address	96-98 Bạch Đằng
Tel	0236-6553-644
Open	07:00~23:30
Access	한 시장에서 도보 3분
GPS	16.069061, 108.224987
Web	www.congcaphe.com
Cost	đ

즉석에서 갈아 주는 신선한 과일주스

코코 그린
Koko Green

시원한 에어컨과 초록초록한 분위기로 기분마저 좋아지는 아담한 카페 안으로 들어서면 달콤한 과일 향이 풍긴다. 다양한 과일에 비트, 당근, 아보카도 등 채소를 섞은 생과일주스와 스무디를 파는 곳으로 주문과 동시에 선반에 쌓아둔 잘 익은 과일을 갈아 주어서 굉장히 신선하다. 카페 곳곳에 콘센트가 있어서 스마트폰을 충전할 수 있고 와플과 팝 치킨, 감자튀김 등 간단한 요깃거리도 판매하고 있다. 분 짜 까 109나 하노이 쓰어에서 국수 한 사발 맛있게 먹었다면 근처에 위치한 코코 그린을 잊지 말자.

Address	14 Hải Phòng, Hải Châu
Tel	0905-850-200
Open	07:30~22:00
Access	한강교에서 도보 10분
GPS	16.072744, 108.219662
Cost	đ

맛도 분위기도 굿!

루나 펍
Luna pub

캐주얼한 인테리어에 높은 천장과 전면 유리로 개방감을 더한 매력적인 레스토랑 겸 펍이다. 주로 이탈리아 음식을 판매하는데 그중에서도 치즈가 쭈욱 늘어나는 피자가 가장 인기이다. 점심시간에만 판매하는 런치 세트도 가격 대비 괜찮고 다양한 수입 맥주와 칵테일도 함께 즐길 수 있다. 밤이 되면 신나는 음악과 함께 젊음이 가득한 분위기가 한껏 고조된다.

💬 **Tip** 위험한 호기심, 해피 벌룬

다낭에서 유행 중인 해피 벌룬은 아산화질소가 주입된 풍선으로 마약과 같은 환각 효과가 있어 불법이나 몇몇 펍에서 술과 함께 버젓이 판매하고 있다. 하지만 적발 시 3년 이하 징역 또는 5,000만 원 이하의 벌금형에 처하고 있으며, 신경 마비 혹은 사망 위험이 있을 만큼 위험하다(실제로 2017년 4월, 해피 벌룬을 흡입한 20대 남성이 사망). 잠깐의 행복 또는 호기심을 채우기 위해 되돌릴 수 없는 실수를 하는 일이 없도록 주의하자.

Address	9A Trần Phú, Thạch Thang
Tel	0236-3898-939
Open	11:00~01:00
Access	한강교에서 도보 15분
GPS	16.079767, 108.223037
Cost	đ

주차된 오토바이로 인기를 가늠할 수 있는

더 커피 하우스
The Coffee House

자연 친화적인 인테리어로 편안한 분위기의 자아내는 이곳은 현지인이 즐겨 찾는 커피 체인점으로 에어컨이 있어 시원하게 쉬어가기 좋다. 독특한 점은 커피를 얼려서 만든 큐브 안에 연유를 넣어서 마실수록 단맛이 강해진다는 것. 티라미수 케이크 한 조각이 1,500원도 되지 않을 정도로 저렴하며 원두와 텀블러도 판매한다. 주문 시 받은 번호표를 테이블 위에 올려두면 음료를 직접 가져다준다. 비슷한 커피 체인점인 하이랜드 커피는 여행자도 즐겨 찾는 곳이지만 이곳은 현지인이 압도적으로 많이 찾는 곳이니 로컬 분위기를 느끼고 싶을 때 찾으면 좋다. 여러 지점 중 용교에서 가까운 곳이 분위기가 제일 좋은 편이다.

Address	Lô A4-, 2 Nguyễn Văn Linh, Bình Hiên
Tel	0287-1087-088
Open	07:00~22:30
Access	용교에서 도보 3분
GPS	16.060828, 108.221854
Cost	đ

쫀득쫀득 상큼한 젤라또는 이 집이 최고!

불러바드 젤라또 앤 커피
Boulevard Gelato And Coffee

다낭 대성당과 멀지 않지만 관광객이 많이 찾지 않는 골목에 자리 잡은 곳. 문을 열고 들어가면 바깥 분위기와 전혀 다른 세련된 공간이 나오는데, 시원한 에어컨 바람에 이질감마저 든다. 이곳에서 판매하는 생과일로 만든 젤라또는 가게 한쪽에 있는 커다란 기계로 직접 만들어 낸다. 과일의 맛과 향이 잘 살아 있는 젤라또는 베트남 물가치고 비싼 편이지만, 한국에서는 이 가격에 절대 맛볼 수 없는 퀄리티를 자랑한다. 와플과 브라우니, 쿠키 등 간단한 요깃거리도 곁들일 수 있다. 상큼한 젤라또에 잔잔한 팝송을 들으며 창밖 사거리를 쉴 새 없이 지나가는 오토바이를 구경해 보자.

Address	77 Trần Quốc Toản, Phước Ninh
Tel	0968-007-625
Open	07:30~23:00
Access	다낭 대성당에서 도보 5분
GPS	16.06623, 108.22099
Cost	đ

베트남의 팥빙수, 쩨가 왔어요!

꽌 쩨 쑤언 짱

Quán Chè Xuân Trang

밥을 아무리 배불리 먹어도 디저 트 배는 따로 있다는 것이 만고의 진리! 우리나라에 팥빙수가 있다 면 베트남에는 쩨^{Chè}가 있다. 쩨는 차갑거나 따뜻하게 만들 수 있는 데 대개 곡물과 우유, 과일을 넣 어 만든다. 이 집은 다낭에서 가 장 맛있는 쩨를 파는 곳으로 현

지인에게 쩨를 파는 곳을 물어보면 대부분 이 집을 알려 준 다. 목욕탕 의자와 낮은 테이블로 된 이곳에 앉아서 쩨를 먹 다 보면 포장해 가는 현지인을 꽤 많이 볼 수 있다. 팥과 녹 두, 땅콩 등 여러 가지 곡물과 우유를 넣고 연유를 얹은 쩨 땁 깜$^{Chè\ Thập\ Cẩm}$과 녹두가 든 쩨 더우 싼$^{Chè\ Đậu\ xanh}$이 가장 인기 가 많다.

	YAOURT SỮA TƯƠI	: 10.000đ
1	YAOURT SỮA TƯƠI	: 10.000đ
2	CHÈ THẬP CẨM	: 10.000đ
3	CHÈ ĐẬU ĐỎ	: 10.000đ
4	CHÈ ĐẬU XANH	: 10.000đ
5	CHÈ ĐẬU TRẮNG	: 10.000đ
6	SINH TỐ (Hoa Quả Dầm)	: 15.000đ
7	GỎI BÒ KHÔ (Nộm)	: 15.000đ

Cơ Sở 1: 31 Lê Duẩn - ĐT: 0905 801 771
Cơ Sở 2: 358 Kinh Dương Vương

1 요거트
2 혼합 빈, 과일
3 팥
4 녹두
5 하얀 콩
6 스무디
7 소고기 샐러드

Address	31 Lê Duẩn, Hải Châu
Tel	0905-801-771
Open	08:00~22:00
Access	한 시장에서 도보 10분
GPS	16.07127, 108.22089
Cost	đ

베트남의 별다방!

하이랜드 커피

Highland Coffee

1998년, 하노이에서 시작한 하이랜드 커피는 베트남에서 생 산된 커피 원두를 이용해 신선하며, 고소하고 독특한 향이 특징이다. 하이랜드 커피는 베트남 전통 방식인 핀^{Phin}을 이 용해 원두를 내려서 해외로 진출한 첫 베트남 브랜드로 같은 계열사 체인점인 퍼 24$^{Phờ\ 24}$는 서울 구로동에도 지점을 가지 고 있다. 다낭에는 13개의 체인점이 있는데 인도차이나 몰의 1층에 위치한 지점이 한강을 볼 수 있어 가장 인기가 많다. 에어컨이 나오는 시원한 곳에서 커피 한 잔에 와이파이를 사 용하고 싶다면 이곳만 한 곳이 없다.

Address	74 Bạch Đằng
Tel	0236-3849-203
Open	06:00~23:00
Access	한강교에서 도보 5분
GPS	16.06988, 108.22494
Web	www.highlandscoffee.com.vn
Cost	đ

70년대 분위기를 살린
다낭 1975
Danang 1975

한강 옆 박당 거리에 위치해 산책하다가 잠시 쉬어가기 좋은 카페로 커피, 밀크티 등 다양한 음료를 판매하고 있다. 한적한 분위기 덕에 한강 야경을 즐기며 소담소담 이야기를 나누기 좋으며 간판 아래 붙은 한국어 메뉴가 친근한 느낌을 준다.

Address	30 Bạch Đằng, Thạch Thang
Tel	0913-490-919
Open	07:00~23:00
Access	한강교에서 도보 15분
GPS	16.078452, 108.223792
Cost	đ

베트남 파리바게뜨가 여기 있네!
봉 빠
Bon Pas

모던한 인테리어와 맛있는 빵으로 엄청난 인기를 누리고 있는 베이커리. 1층에 진열된 빵과 반 미 샌드위치, 음료를 구입해 카페에서 먹거나 포장할 수 있다. 한국 제과점에서 흔히 볼 수 있는 빵들이 있으며 에그타르트와 크루아상이 특히 인기가 많다. 케이크도 괜찮은 편이니 여행 중 생일을 맞은 사람이 있다면 가 보자. 가격대는 저렴한 편으로 오전에는 디지털 노마드들의 작업 공간으로, 오후에는 학교를 마치고 놀러 온 아이들로 인해 복작복작하다. 2층 야외 석에서는 생일 파티를 비롯한 여러 행사를 진행한다.

🗨 알아두면 유용한 꿀팁
봉 빠 바로 옆에는 우리나라에도 많은 지점이 있는 공 차Gong Cha가 있으니 좀 더 익숙한 맛의 음료가 필요하다면 찾아가 보자. 에어컨이 있어서 뜨거운 오후에 시간을 보내기 알맞은 곳이다.

Address	35-41 Nguyễn Văn Linh, Hải Châu
Tel	0236-3636-777
Open	06:00~22:30
Access	참 박물관에서 도보 5분
GPS	16.06081, 108.22098
Web	www.bonpasbakery.com
Cost	đ

현지인이 더 좋아하는
냐향 랑 응에
Nhà Hàng Làng Nghệ

파릇파릇한 정원에 암탉이 거니는 평화로움이 가득하니 도심 속 힐링의 장소로 손색없다. 전통적인 베트남 가옥의 느낌이 물씬 느껴지는 곳으로 에어컨은 없지만 성능 좋은 선풍기 덕에 더위도 잊을 수 있다. 현지의 맛을 잘 살린 베트남 음식을 선보이는데, 직원이 음식에 대한 설명을 자세히 해 줘서 베트남 요리 초심자도 메뉴 선정이 어렵지 않다. 이른 아침에도 이곳을 찾는 사람이 있을 정도로 현지인에게도 인기가 많은 편이다.

Address	119 Lê Lợi, Thạch Thang, Hải Châu
Tel	0121-351-1119
Open	07:00~21:30
Access	한강교에서 도보 12분
GPS	16.075155, 108.220073
Cost	đđ

인생 샷을 남기고 싶다면

파빌리온 가든
The Pavilion Garden

빈티지한 가구와 소품, 식물을 이용한 인테리어가 중세 유럽의 카페를 연상케 하는 곳으로 베트남 퓨전 요리와 브런치, 케이크와 함께 음료를 즐길 수 있다. 음식의 맛이 세련된 인테리어를 따라오지 못하는 것이 아쉽지만 초록초록한 분위기에서 멋진 사진을 찍기에는 괜찮은 공간이다.

Address	122 Quang Trung, Hải Châu
Tel	0903-800-949
Open	06:30~22:30
Access	한강교에서 도보 15분
GPS	16.074289, 108.217048
Cost	đđ

돌판 위에 지글지글 굽는 스테이크

바빌론 스테이크 가든
Babylon Steak Garden

한국보다 저렴한 가격에 두툼한 스테이크를 즐길 수 있어 인기가 많은 레스토랑으로, 돌판을 이용해 스테이크를 구워 주는 것이 특징이다. 스테이크를 주문하면 4가지 소스에 프렌치프라이, 샐러드까지 무료로 제공된다. 스테이크가 적당히 익으면 마음에 드는 소스에 푹 찍어 한입 가득 맛보자. 육즙 가득한 스테이크에 맥주 한 모금까지 더해지면 다낭의 살인적인 더위도 잊게 된다. 스테이크 외에 치즈 베이컨 말이 새우도 인기가 많은 편이다.

Tip 알아두면 유용한 꿀팁

저녁에는 한국 패키지 팀이 예약하는 경우가 많아서 복잡함이 싫다면 이 시간대는 피하는 것이 좋다. 미케 해변 근처에 1호점(GPS 16.04186, 108.24843)이 있다.

Address	18 Phạm Văn Đồng, An Hải Bắc, Sơn Trà
Tel	0983-474-969
Open	10:00~22:00
Access	한강교에서 도보 20분
GPS	16.070380, 108.241971
Cost	đđ

분위기 내고 싶을 땐 여기가 딱!
루남 비스트로
Runam Bistro

MUST EAT 용교에서 한강 변 박당 거리를 따라 쭉 걸어가다 보면 잠자리가 그려진 간판과 멋스러운 조명이 늘어진 루남 비스트로가 눈에 들어온다. 메뉴는 저렴하지 않지만 정성이 가득 담긴 음식과 테이블에 놓여 있는 생화, 잔잔한 음악은 지금 여행 중이라는 것을 한껏 상기시켜 준다. 주메뉴는 베트남 전통 음식을 외국인 입맛에 맞게 변형한 퓨전 베트남 음식과 스파게티, 케이크 등이다. 그중 아기 손바닥만 한 애피타이저 콤보가 가장 인기가 많고 시금치와 리코타 치즈를 넣은 것과 소고기 커리를 바삭하게 튀긴 환탄도 괜찮은 편이다. 사탕수수와 레몬그라스, 라임을 넣은 비주얼 깡패, 미아 딱 사Mia tắc sả 주스는 이곳에서만 맛볼 수 있는 별미이다. 대부분 메뉴가 괜찮은 편이지만 퍼Phở는 추천하지 않는다.

Tip 알아두면 유용한 꿀팁
음식에 곁들여 나오는 자그마한 고추는 다낭의 특산품인 쥐똥 고추로 눈물 쏙 빼고 나면 작은 고추가 맵다는 말이 왜 나왔는지 체득할 수 있다.

Address	22-24 Bạch Đằng, Hải Châu
Tel	0236-3550-788
Open	07:00~23:00
Access	한강교에서 도보 15분
GPS	16.079176, 108.223665
Cost	dd

일본인 부부가 만드는 수제 버거

버거 브로스
Burger Bros

일본인 부부가 운영하는 버거 전문점으로 육즙 가득한 패티가 인기 비결이다. 사이드 메뉴로 프렌치프라이와 비트로 색을 낸 샐러드를 제공하는데 프렌치프라이에 소금을 많이 뿌리는 편이니 참고하자. 테이블이 많지 않아서 식사 시간에는 기다려야 할 때가 많고 오후 2시부터 5시까지는 휴식 시간으로 문을 열지 않는다. 주문 총액이 15만 동 이상이면 전화나 문자로 배달시킬 수 있는데 배달비 1만 동이 추가되고, 배달 음식의 특성상 눌리고 눅눅해지는 것은 감안해야 한다. 시내에 있는 것은 2호점이며 1호점은 미케 비치 근처에 있는데, 맛은 비슷하다.

Address	4 Nguyễn Chí Thanh, Thạch Thang
Tel	0931-921-231
Open	11:00~14:00, 17:00~22:00
Access	한강교에서 차로 5분
GPS	16.079398, 108.219939(1호점 16.048865, 108.246543)
Web	burgerbros.amebaownd.com
Cost	đđ

익숙한 맛이 그립다면

반지로 레스토랑
Banjiro

버거 브로스 2호점 맞은편에 위치한 일식집으로 경쾌한 노란 간판이 인상적인 곳이다. 사장부터 직원까지 모두 일본인이며 일본의 소박한 이자카야를 연상케 한다. 저렴한 가격에 맛볼 수 있는 스시가 가장 인기 있는 메뉴이고, 스시 외에도 꼬치, 야키니쿠 등 다양한 일식 메뉴를 구비하고 있다. 베트남 음식이 입에 맞지 않아 고민이라면 이곳을 추천한다.

Address	23 Nguyễn Chí Thanh
Tel	0236-3849-880
Open	11:00~14:00, 17:00~22:00
Access	한강교에서 차로 5분
GPS	16.079448, 108.220086
Cost	đđ

다낭에서 이 집 모르면 간첩!
바 윰
Bà Dưỡng

말린 음식을 파는 좁은 골목을 따라 한참 들어가면 규모가 꽤 큰 반 쎄오 맛집이 나온다. 여행자는 물론, 현지인도 즐겨 찾는 이곳은 저렴한 가격과 훌륭한 맛으로 부담 없이 들르기 좋다. 메뉴가 다양하지는 않지만 그중에 스페셜 반 쎄오Bánh xèo đặc biệt와 반 쎄오Bánh xèo, 레몬그라스에 꽂아 숯불에서 구워 낸 향긋한 꼬치구이 넴 루이Nem lụi를 추천한다. 스페셜 반 쎄오와 반 쎄오는 작은 새우의 유무에 따라 구분되며 넴 루이는 주문하지 않아도 한가득 나오는데, 먹은 만큼만 계산되니 당황하지 말자. 맥주를 비롯해 다양한 음료를 판매하는데 0.5ℓ 생수병에 담긴 옥수수 우유Sữa bắp에 도전해 보자. 생소하지만 달콤한 맛이 입에 착 달라붙는다.

📍 찾아가기 꿀팁
골목 초입에 바 윰Bà Dưỡng이라고 쓰인 노란색 간판을 보고 들어가면 된다. 골목 중간에서도 간판을 볼 수 있는데 이를 지나 골목 끝까지 걸어가야 한다.

Address	14 Hoàng Diệu, Bình Hiên
Tel	0236-3873-168
Open	09:00~21:30
Access	참 박물관에서 도보 12분
GPS	16.05882, 108.21616
Cost	đ

시원한 국물에 쫄깃한 어묵의 환상적인 맛
분 짜 까 109
Bún Chả Cá 109

동글동글한 국수, 분에 짜 까라는 어묵을 넣은 분 짜 까. 토마토의 달콤한 맛과 고춧가루를 넣어 얼큰한 맛이 잘 어우러진 국물에 쫄깃한 분과 짜 까를 넣으면 환상적인 궁합을 자랑한다. 이 근방은 분 짜 까 골목으로 모두 같은 메뉴를 파는데 모든 집에 가 본 결과 이 집이 가장 맛있었다. 비결은 직접 만든 담백한 어묵! 좋은 재료로 만든 음식은 역시 맛이 없을 수가 없다. 저렴한 가격에 부담 없이 즐길 수 있는 분 짜 까, 한국인의 입맛에도 잘 맞는 편이니 꼭 한 번 맛보자. 다낭의 파도 소리가 그리울 때면 이 집의 시원한 분 짜 까 한 그릇이 절로 떠오를 것이다.

📍 알아두면 유용한 꿀팁
베트남에는 유독 번지수를 넣은 가게 이름이 많은데 이 집의 109도 번지수를 뜻한다.

Address	109 Nguyễn Chí Thanh, Hải Châu
Tel	0945-713-171
Open	06:30~22:00
Access	한강교에서 도보 10분
GPS	16.074346, 108.220774
Cost	đ

다낭의 '심야 식당' 아니, '아침 식당'
바 부이
Bà Vui

사람의 마음을 이끄는 이곳의 소울 푸드는 쏘이 가^{Xoi Ga}. 찹쌀로 지어 쫀득쫀득한 밥에 볶은 양파와 닭가슴살, 바삭바삭한 마늘 칩을 얹고 후추를 쓱 뿌린 쏘이 가는 눈이 번쩍 떠질만큼 맛있기보다는 기본적이지만 담백하고 질리지 않는 맛을 낸다. 테이블에 놓인 칠리소스가 있는데 밥에 비벼 먹으면 감칠맛을 더해 주고, 함께 나오는 국은 닭고기를 우려 낸 육수이다. 참고로 식당 이름에 많이 쓰이는 바^{Bà}는 할머니라는 뜻이고 부이^{Vui}는 이 식당을 처음 시작한 할머니의 성함이다. 지금은 할머니의 아들과 며느리가 대를 이어가고 있다.

숯불구이의 화려한 변신
하노이 쓰어
HàNội Xưa

MUST EAT 오바마도 먹고 갔다는 하노이의 전통 음식 분 짜^{Bún chả} 맛집으로 점심시간이면 오토바이를 끌고 와서 한 가득 포장해 가는 사람들로 인산인해를 이룬다. 벽에 붙은 메뉴판에는 메뉴가 여러 가지인데 자리에 앉으면 주문을 하지 않아도 사람 수에 따라 분 짜가 나온다. 분 짜는 가느다란 흰 쌀국수(분)를 직화로 구운 숯불갈비와 함께 무를 얇게 썰어 넣은 느억맘 소스에 넣었다가 건져 먹는 음식으로 새콤하면서도 달고 짠, 단짠의 진수를 보여 준다.

Tip 알아두면 유용한 꿀팁
식당 문을 여는 시간이 일정하지 않다. 점심때는 무조건 열지만 그 외의 시간에는 재료를 준비하느라 판매하지 않는 경우가 많고 재료가 다 떨어지면 문을 닫는다.

Address	55 Lê Hồng Phong, Phước Ninh, Hải Châu
Tel	0236-3562-467
Open	06:00~20:00
Access	참 박물관에서 도보 10분
GPS	16.064179, 108.220701
Cost	đ

Address	95 Nguyễn Chí Thanh, Thạch Thang
Tel	0906-220-868
Open	월~토 10:15~14:00, 일 휴무
Access	한강교에서 도보 15분
GPS	16.075294, 108.220661
Cost	đ

훼 전통 요리 전문점

반 베오 바 베

Bánh Bèo Bà Bé

베트남의 옛 수도, 훼의 전통 음식은 대부분 궁중 요리로 베트남에서도 손꼽히는 미식이다. 훼에 가서 맛볼 수 있다면 더없이 좋겠지만 일정이 짧아 갈 수 없다면 다낭에서 훼 요리를 가장 잘하는 이곳에 가 보자. 쫄깃한 식감을 자랑하는 반 베오부터 반 남, 반 람, 반봇록까지 다양한 메뉴가 있다. 주문할 때는 벽에 있는 사진을 가리키면 되는데, 방문 전에 훼 전통 음식에 대한 정보를 미리 알아가면 수월하다. 다만, 자그마한 테이블에 목욕탕 의자가 놓여 있어 거동이 불편한 어르신이나 유모차를 끌고 가기에는 다소 불편하다.

Address	100 Đường Hoàng Văn Thụ, Phước Ninh, Q. Hải Châu
Tel	0906-450-463
Open	06:00~18:30
Access	참 박물관에서 도보 10분
GPS	16.06309, 108.21901
Cost	đ

물 건너온 타지마할의 여인

뭄따즈 레스토랑

Mumtaz Restaurant

인도 타지마할이 연상되는 입구부터 인도 음악까지 여기가 인도인지, 베트남인지 헷갈리는 이곳은 인도인 셰프가 직접 요리하는 인도 음식 전문점이다. 향신료를 강하게 사용하지 않아서 밋밋하지만 한국에서 파는 인도 음식보다 낫고 모든 향신료를 인도에서 공수하여 현지에서 먹는 인도 음식과 비슷한 맛을 낸다. 요거트에 재워 화덕에 구운 탄두리 치킨, 코코넛 우유에 새우를 넣어 만든 새우 커리에 바람 불면 날아갈 것 같은 밥이나 쫄깃하고 고소한 마늘 난을 곁들여 보자. 점심시간에는 여러 종류의 커리를 맛볼 수 있는 탈리Thali도 주문할 수 있다. 연두색 소스는 와사비가 아닌 박하 소스이며 레몬을 넣어 응고시킨 요거트에 망고를 넣은 망고 라씨도 환상적이니 꼭 먹어 보자.

Address	231 Trần Phú, Hải Châu
Tel	0236-3839-888
Open	10:00~22:30
Access	참 박물관에서 도보 7분
GPS	16.06311, 108.22353
Cost	đđ

이탈리안 음식은 이 집이 최고!
벨라 피자
Bella Pizza

어렸을 적, 외식한다고 들뜬 마음으로 엄마 손잡고 찾은 경양식집을 연상케 하는 인테리어를 가진 그곳에는 유독 아이들과 함께 피자, 파스타를 먹으러 온 가족 손님이 많았다. 매콤하면서도 새우의 감칠맛이 풍부한 새우 스파게티[Mi Sot Kem Tom], 리코타 치즈와 푸릇푸릇한 채소를 따끈한 난에 싸 먹을 수 있는 리코타 샐러드[Ricotta Salad], 피자 도우에 스테이크 이불을 덮은 스테이크 피자는 모든 테이블에 하나씩 주문하는 필수 코스이다.

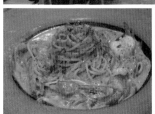

Address	19 Yên Bái, Hải Châu
Tel	0123-520-0087
Open	10:00~22:00
Access	다낭 대성당에서 도보 5분
GPS	16.069546, 108.222868
Cost	đđ

깨끗한 반 미를 맛보고 싶다면
해피 브레드
Happy Bread

아무리 맛있는 음식도 위생이 염려되어 제대로 즐길 수 없다면 해피 브레드가 정답이다. 길거리 음식인 반 미를 깔끔하게 정돈된 레스토랑에서 맛볼 수 있는 곳으로 맛은 평범하지만 한 시장 근처에서 잠시 쉬어가고 싶을 때 들르기 좋다. 특히 해피 브레드 근처에는 예쁜 라탄 제품을 파는 곳이 많으니 이곳에 간다면 잊지 말자.

Address	14 Hùng Vương, Hải Châu
Tel	0905-850-990
Open	07:00~22:00
Access	한 시장 도보 1분
GPS	16.068647, 108.224590
Cost	đ

다낭을 대표하는 음식
미꽝 1A
Mì Quảng 1A

다낭을 대표하는 단 하나의 음식, 미꽝. 노랗고 넓적한 국수에 돼지고기와 새우, 땅콩을 넣고 자작하게 국물을 부어서 먹는 미꽝은 소박하지만 꽝남 사람들의 소울 푸드이다. 한때 호찌민에서 일했던 친구가 이런 말을 했다. 호찌민에 미꽝을 파는 식당이 생기면 꽝남 사람들이 우르르 몰려가서 맛을 평가하고 맛있으면 장사가 잘 되도록 도와주고 맛이 없으면 신문에 광고를 내서 망하게 만든다고. 그만큼 꽝남 사람들의 자존심을 건 음식인 미꽝. 그중에서도 맛있다고 소문난 미꽝 1A에서 꼭 한번 맛보도록 하자. 다양한 재료를 넣은 미꽝을 파는데, 원조는 돼지고기와 새우를 넣은 미꽝이다.

베트남식 보쌈 돌돌
꽌 자이 록
Quán Đại Lộc

이 식당은 단 한 가지 메뉴만 판다. 반짱텃헤오. 발음은 어렵지만 뜻은 간단한데 라이스 페이퍼를 뜻하는 반짱과 돼지고기, 텃헤오를 붙여 쓴 것이다. 때때로 돌돌 만다는 뜻의 꾸온을 넣어 반짱꾸온텃헤오라고 부르기도 한다. 현지인들이 즐겨 찾는 곳으로 식사 시간대에는 항상 자리가 없어서 기다려야 할 정도로 인기가 많다. 삶은 돼지고기 수육과 숙주, 파, 오이, 망고, 바나나, 고수 등 채소를 넣고 라이스 페이퍼를 돌돌 말아 소스에 콕 찍어 먹으면 된다. 옥수수 우유도 달달하고 고소하니 함께 곁들이면 더 맛있다.

Address	1 Hải Phòng, Hải Châu
Tel	0236-3827-936
Open	06:30~21:00
Access	한 시장에서 도보 10분
GPS	16.072410, 108.219055
Cost	đ

Address	97 Trưng Nữ Vương, Bình Hiên, Hải Châu
Tel	0907-172-145
Open	24시간
Access	참 박물관에서 도보 5분
GPS	16.05806, 108.22095
Cost	đ

뜨끈뜨끈한 쌀국수가 그립다면
퍼 박 하이
Phở Bắc Hải

북부 하노이 지역의 전통 음식인 쌀국수 퍼Phở. 다낭 여행 중 퍼를 먹어 보고 싶어 하는 여행자들이 있는데 아쉽지만 다낭에서 맛있는 쌀국수를 찾기는 어렵다. 퍼 박 하이는 쩐 뿌 거리에 있어서 찾아가기 쉽고 굉장히 맛있는 쌀국수는 아니지만 중부 지방치곤 괜찮은 맛을 내는 편이다. 근처를 지나가다가 이곳을 발견하면 잠깐 들러서 후루룩 국수 한 그릇 먹고 가자. 쌀국수를 주문하면 박하와 고수가 담긴 바구니를 함께 주는데 잎을 똑똑 따서 국수 아래 밀어 넣고 잠깐 기다렸다가 먹는 것이 정석!

뭐든지 굽는다, 이것이 다낭 스타일!
꽌 껌 훼 응온
Quán Cơm Huế Ngon

전형적인 베트남 구이집으로 야외에 세팅된 목욕탕 의자에 앉아서 불판에 고기나 해물을 구워 먹을 수 있다. 소고기, 돼지고기, 문어, 새우 등 무난한 메뉴가 있고 다낭 사람들은 개구리, 뱀 요리도 즐겨 먹는다. 간단한 양념이 되어서 짜게 느껴질 수도 있으니 밥과 채소와 함께 먹으면 좋다. 특히 막창이 한국인의 입맛에 잘 맞는데 일찍 품절 되는 편이다. 함께 나오는 메추리알과 누룽지같이 바삭바삭한 라이스 페이퍼는 유료이다. 가게 안쪽에는 연기가 많이 들어오고 자리를 잘못 잡으면 하수구 냄새가 날 수 있으니 자리 선정에 유의하자.

Address	185 Trần Phú, Hải Châu 1
Tel	0935-195-668
Open	05:30~24:00
Access	한 시장에서 도보 3분
GPS	16.066141, 108.223745
Cost	đ

Address	65 Trần Quốc Toản, Hải Châu,
Tel	0236-3531-210
Open	11:00~23:00
Access	한 시장에서 도보 5분
GPS	16.066195, 108.221423
Cost	đ

다낭에서도 피맥은 계속된다!

밤부 2 바
Bamboo 2 Bar

해 질 무렵, 한강 옆 박당 거리를 걷다 보면 유난히 서양인 여행자로 바글바글한 집이 있는데 그곳이 바로 밤부 2 바이다. 한강과 용교가 보이는 야외 석과 커다란 스크린을 앞에 두고 스포츠 경기를 즐길 수 있는 1층, 당구를 즐길 수 있는 2층으로 구성되어 있다. 서양식 아침 식사부터 피자, 햄버거, 맥주, 칵테일까지 골고루 즐길 수 있는데 가장 인기가 많은 메뉴는 치즈가 쭉쭉 늘어나는 해산물 피자Seafood Pizza와 한 잔 마시면 비타민이 온몸으로 쫙 퍼지는 패션 프루트 주스Passion Fruit Juice, 생맥주이다. 매일 17:30~19:00는 해피 아워로 맥주 2잔을 마시면 한 잔을 무료로 제공하고 금요일 저녁 9시에는 DJ를 초빙해 파티를 여니 참고할 것!

🎯 알아두면 유용한 꿀팁
밤부 2 바 이외에도 골든 파인Golden Pine(박당 거리), 오큐 바OQ Bar도 많은 여행자가 즐겨 찾는 바이다.

Address	216 Bạch Đằng
Tel	0911-876-468
Open	10:00~02:00
Access	참 박물관 도보 10분
GPS	16.064957, 108.224003
Web	www.bamboo2bar.com
Cost	đđ

짜장면 시키신 분! 다낭 배달 음식점

날씨가 너무 더워서, 비가 와서 방 안에서 꼼짝도 하기 싫다면 한식당의 배달 찬스를 이용해 보자. 다낭에는 약 30개의 한식집이 있는데 도시락, 치킨, 분식 등 배달이 되는 곳이 많다.

혜복 식당

한국에 있다면 매일 가고 싶을 만큼 굉장히 알찬 곳이다. 주문 가능한 시간이 아주 짧다는 것을 유념하자. 시내는 1개 이상, 리조트는 4개 이상부터 배달할 수 있고 입구에서 직접 받아야 한다. 김치와 깍두기도 1.5kg씩 살 수 있다.

Tel 0944-710-909
Open 11:00~13:30 Cost ₫ GPS 16.07562, 108.22899

원 짜장

한국인 사장님이 직접 요리를 하여 한국과 같은 맛의 중식을 맛볼 수 있는 곳이다. 배달을 시킨다면 짜장면은 불어서 먹기 힘들고 해산물이 듬뿍 든 짬뽕이 더 괜찮은 편이다. 미리 이야기하면 카드 계산도 가능하다.

Tel 0511-3922-886 Open 10:00~22:00
Cost ₫ GPS 16.069221, 108.241328

박가네

음식이 대체로 단 편이나 메뉴가 다양하여 선택의 폭이 넓다. 카카오톡으로 요청하면 메뉴를 받을 수 있고 배달 시 카드 계산은 불가하다.

Tel 0169-4365-903 Kakao Talk troioichicken
Open 11:00~24:00 Cost ₫
GPS 16.068780, 108.244562

DA NANG

2

BÃI BIỂN MỸ KHÊ

미케 해변

하얀 모래가 반짝이는
미케 해변 Bãi biển Mỹ Khê

Address	Phước Mỹ, Bãi biển Mỹ Khê
Access	용교에서 차로 10분
GPS	16.0639, 108.24669

긴 해안선을 뽐내는 미케 해변은 여러 매체를 통해 매력적인 해변에 선정되며 유명세를 얻고 있다. 태국이나 필리핀, 제주도의 바다처럼 아름답진 않지만 부드러운 모래와 쭉 뻗은 야자수, 해변에 늘어놓은 선베드 그리고 화룡점정을 찍는 선짜 반도 린응사의 해수 관음상은 이곳의 매력을 배가한다.

북쪽 해변을 걷다 보면 베트남 전통 대나무 바구니 배를 말리는 모습을 볼 수 있고 새벽에는 이 배를 타고 잡은 물고기를 판매하는 간이 수산 시장이 열린다. 남쪽에는 논 느억 해변을 따라 리조트 촌이 형성되어 있는데, 날씨가 좋은 계절에는 이곳에서 바라보는 일출이 매우 아름다우니 고운 모래를 밟으며 꼭 아침 산책을 하자. 수상 스키, 파라 세일링, 서핑 등 다양한 액티비티를 체험할 수 있고 특히 파도가 높은 편이라 서핑을 하기 위해 이곳을 찾는 여행자도 꽤 많다. 시내와 아주 가까운 거리에 이런 해변 하나쯤 두고 사는 삶, 이것이 다낭 사람들이 그토록 여유로워 보이는 이유가 아닐까?

다낭에 이런 곳이?

식스 온 식스
SIX ON SIX

해안가 근처 고급 주택가 골목에 숨어 있는 아담한 카페로 다낭에 사는 미국인 교수가 운영하는 곳이다. 가정집 같은 느낌의 실내와 아기자기하게 꾸민 정원에서 북적거림을 피해 한적한 휴식을 취하기 좋다. 아보카도가 듬뿍 들어간 부리 또, 향긋한 시나몬 향을 풍기는 시나몬 롤 등 다양한 브런치 메뉴가 있고, 커피와 과일주스도 괜찮은 편이다. 가격대는 근처 카페보다 조금 높은 편이다.

Address	6/6 Chế Lan Viên, Mỹ An, Ngũ Hành Sơn
Tel	0946-114-967
Open	08:00~17:00
Access	미케 해변 도보 11분
GPS	16.042770, 108.244506
Web	sixonsix.net
Cost	đđ

문재인 대통령이 다녀간 그곳!

람 비엔 레스토랑
Lam Vien Restaurant

MUST EAT 커다란 나무가 우거진 정원 속 고가에서 식사할 수 있는 람 비엔. 게살 수프부터 바삭바삭한 스프링롤, 진짜 파인애플에 담긴 파인애플 볶음밥 등 대부분의 메뉴가 괜찮은 편이고 바나나 잎 위에 차려진 정성스러운 플레이팅은 여행자의 설렘을 배가한다. 디저트로 쫀득쫀득 달콤한 바나나 튀김도 잊지 말자.

Address	88 Trần Văn Dư, Mỹ An, Ngũ Hành Sơn
Tel	0236-3959-171
Open	11:30~22:00
Access	미케 해변에서 도보 10분
GPS	16.042119, 108.246603
Web	lamviendanang.com
Cost	đđ

몽글몽글한 구름 속에 폭!

클라우드 가든
Cloud Garden

MUST EAT 한적한 골목 안에 구름에 폭 싸인 듯 이토록 아늑한 카페가 있을 줄이야! 외국 생활을 오래 한 주인이 인테리어부터 컵 하나까지 손수 고른 곳으로 아기자기한 정원과 멋들어진 연못이 있어서 베트남 신혼부부의 웨딩 촬영이 자주 이루어진다. 워낙 생뚱맞은 곳에 위치한 탓에 여행자들이 즐겨 찾는 곳은 아니지만, 다낭에 사는 디지털 노마드 사이에는 조용하고 와이파이가 빠른 곳으로 유명하다. 노트북을 가져와서 작업하는 사람이 많고 나란히 앉아서 데이트를 즐기는 베트남 커플도 자주 볼 수 있다. 커피, 스무디 등 음료와 간단한 베이커리류는 있지만 식사류는 판매하지 않으니 식사를 한 후 오후에 잠시 쉬어가는 것이 좋다. 커피와 망고, 패션 프루트로 만든 스무디가 가장 무난한 편이고 모든 메뉴 주문 시 시원한 짜다(차)를 무료로 제공한다.

Address	72 Lê Mạnh Trinh, Phước Mỹ, Sơn Trà
Tel	0934-728-666
Open	06:30~22:00
Access	미케 해변에서 도보 5분
GPS	16.07471, 108.24343
Cost	đ

다낭 여행 첫 끼는 여기서

소피아 레스토랑
Sofia Restaurant

MUST EAT 소피아 부티크 호텔의 부속 레스토랑으로 외관은 화려하지만 가격은 로컬 레스토랑과 크게 다르지 않다. 가장 추천하는 메뉴는 바삭하면서도 부드러운 스프링롤로, 대부분 단품으로 제공하는데 이곳에서는 면과 생 채소가 함께 나와 한 끼 식사로도 손색없다. 주재료는 돼지고기로 약간 짠 편이나 함께 나온 면, 채소와 함께 먹으면 딱 알맞다. 먹을 때는 우선 채소와 면을 그릇에 덜고 느억맘 소스를 뿌려서 비빈 후 스프링롤과 함께 맛보면 된다. 채소는 고수, 상추, 박하가 섞여 나오니 고수를 못 먹는다면 미리 이야기하는 것이 좋다. 이 외에도 고이 꾸온(월남쌈)과 망고 스무디도 괜찮은 편이다.

Address	I-11 Phạm Văn Đồng
Tel	0236-394-1669
Open	06:00~22:00
Access	미케 해변에서 도보 5분
GPS	16.070504, 108.242430
Web	www.sofiahoteldanang.com
Cost	₫

다낭 루프톱 수영장 원조

탑 바
Top Bar

미케 해변 옆 알 라 카르테 호텔 최상층에 자리 잡은 탑 바. 바다와 다낭 시내를 내려다보며 수영을 즐길 수 있는 수영장 덕분에 다낭 여행자들의 필수 코스가 되었다. 너무 기대하면 생각보다 작은 규모와 더위에 실망할 수도 있지만, 해변을 따라 목걸이처럼 반짝이는 야경을 즐기기에는 손색없으니 되도록 저녁 시간에 방문할 것을 추천한다. 커피와 주스, 간단한 음식을 주문할 수 있고 호텔 투숙객이 아니어도 이용할 수 있다.

Address	200 Võ Nguyên Giáp, Phước Mỹ
Tel	0236-3959-555
Open	18:00~23:00
Access	미케 해변 도보 1분
GPS	16.068762, 108.244883
Cost	₫

바닷가에서 해산물이 빠질 수 없지

하이 싼 베 만

Hải sản Bé Mặn

엄청난 규모를 자랑하는 하이 싼 베 만은 여행자는 물론 현지
인도 즐겨 찾는 수산 식당이다. 자리에 앉아서 주문하는 것
이 아니라 어렵게 느껴질 수 있으니 옆에 있는 주문 방법을
숙지하자. 한국인의 입맛에 잘 맞는 음식은 간장에 오징어,
새우를 넣어 고슬고슬하게 볶은 해산물 볶음밥과 다낭에서
만 잡히는 찝찝Chip이라는 조개에 레몬그라스와 고추를 넣
어 끓인 맑고 얼큰한 탕, 꽃게찜, 새우 마늘구이, 가리비 양념
무침 등이다. 사실 이곳 주변에는 비슷한 레스토랑이 매우
많고 이 집이 다른 곳보다 특별히 맛있는 것도 아니다. 그럼
에도 불구하고 이곳에만 유독 한국인들이 모이는 이유는 한
국인이 좋아하는 음식을 알기에 조금 더 편리하기 때문이다.
굳이 여기만 고집하지 않아도 된다는 말!

주문, 어렵지 않아요
1 자리를 잡으면 식탁에 적힌 번호를 확인한다.
2 해산물이 있는 곳으로 가서 고른 후 저울의 무게를 확인하고 번호를 말한다.
3 자리에 돌아와서 음료와 밥 등을 주문한다.

Address	Võ Nguyên Giáp, Mân Thái, Sơn Trà
Tel	0905-207-848
Open	10:00~22:00
Access	팜반동 해변에서 도보 12분
GPS	16.080391, 108.246556
Cost	đđ

🍯Tip 알아두면 유용한 꿀팁
가방이나 카메라를 식탁에 올려 두고 주문하러 가는 여행자를 종종 보
았는데 여긴 한국이 아니다. 짐은 절대 몸에서 떼어놓지 말자.

친근한 로컬 식당
제 86
Quán Ăn Dê 86

오드리 네일 앤 스파 2호점(p.26) 근처에 위치해 저녁 마사지를 받은 후 오픈된 공간에서 여유롭게 맥주 한잔하기 좋은 로컬 식당이다. 해변가가 아니기 때문에 관광지 분위기가 나지 않아 좋다. 친구나 가족 단위의 현지인들이 즐겨 찾는 동네 맛집이며 저렴하고 푸짐한 한끼를 해결할 수 있다.
영어가 전혀 통하지 않지만 사진으로 된 메뉴판이 있어서 주문하는 데 큰 어려움이 없다.

저녁에 가기 좋은 곳
퉁 피 바비큐
Thung Phi BBQ

KBS 예능 프로그램 〈배틀 트립〉에 소개된 바비큐 전문점. 한국의 숯불갈비와 비슷해 너무 기대하면 실망할 수도 있고 다소 후미진 곳에 위치해 찾아가는 것도 결코 쉽지 않다. 하지만 친절한 점원들과 해가 지면 빛을 발하는 세련된 조명으로 멋을 낸 실내가 이곳의 진정한 매력. 여러 메뉴 중 가장 무난한 돼지고기를 추천한다. 야외에 마련된 테이블뿐이라 한여름은 피하는 게 좋다.

Address	86 Châu Thị Vĩnh Tế, Mỹ An, Ngũ Hành Sơn
Tel	0937-348-161
Open	24시간
Access	미케 해변 도보 20분
GPS	16.051397, 108.240196
Cost	đ

Address	195/9 Nguyễn Văn Thoại, Bắc Mỹ An, Ngũ Hành Sơn
Tel	0934-542-233
Open	17:00~22:00
Access	미케 해변 도보 20분
GPS	16.056283, 108.243152
Cost	đ

그 산에는 무언가 특별한 것이 있다!

오행산 Ngũ Hành Sơn

해변에서 멀지 않은 곳에 위치한 이곳은 다섯 개의 봉우리로 이루어진 대리석 산으로 응우 한 썬 또는 마블 마운틴으로 불린다. 언덕은 호아썬Hỏa Sơn(불), 투이썬Thủy Sơn(물), 목썬Mộc Sơn(나무), 낌썬Kim Sơn(금), 터썬Thổ Sơn(흙)으로 불린다. 가장 높은 투이썬만 개방되어 있고, 계단과 엘리베이터로 올라갈 수 있다. 156개의 계단 위 전망대에서는 다낭 시내와 미케 해변을 한눈에 내려다볼 수 있으며 린응 사원Linh Ứng과 동굴마다 놓여 있는 불상도 볼거리다. 투이썬의 하이라이트는 후옌콩 동굴 사원Động Huyền Không으로 좁은 동굴 입구를 지나면 어마어마한 크기의 불상이 놓여 있고 베트남 전쟁 시 폭격을 당해 뚫린 천장을 통해 들어오는 햇살이 신비로움을 더한다. 참고로 투이썬 아래쪽에 위치한 암부 동굴은 별도로 입장권을 구매해야 한다.

🌸 알아두면 유용한 꿀팁
대리석 계단이 많은 오행산은 바닥이 매우 미끄러우니 조심하자. 또한, 뜨거운 날씨에 걷다 보면 음료가 절실해지는데 이곳에서 파는 것은 가격이 매우 비싼 편이니 미리 준비하는 것이 좋다.

Address	Hòa Hải, Ngũ Hành Sơn
Tel	0236-3961-114
Open	07:00~17:30
Access	다낭 시내에서 택시로 15분, 논 느억 해변 리조트 맞은편
GPS	16.00392, 108.26285
Web	english.nguhanhson.org
Admission	오행산 입장료 40,000₫, 암부 동굴 20,000₫, 엘리베이터 15,000₫

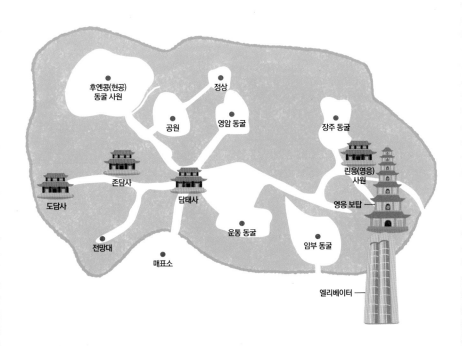

후옌콩(현공)
동굴 사원

정상

공원

영암 동굴

장주 동굴

도담사

존담사

담태사

린웅(영웅)
사원

영웅 보탑 —

전망대

운통 동굴

암부 동굴

매표소

엘리베이터 —

베트남 최대 크기의 해수 관음상

린응사 Chùa Linh Ứng

린응사는 18세기에 지어진 절로 미국 전쟁 시 폐허가 된 곳을 재건해 2010년 다시 문을 열었 다. 린응사의 '린응'은 베트남어로 간절히 원하 면 이루어진다는 뜻으로 이곳에서 불공을 드리 는 신자를 많이 볼 수 있다. 린응사에는 베트남 최대 크기의 해수 관음상이 우뚝 서 있는데, 무 려 67m, 아파트 30층 높이에 달한다. 불상 내부 에는 21개의 불상이 모셔져 있고 계단을 따라 머리 부근까지 올라갈 수 있는데 그곳에서 내 려다보는 바다와 다낭 시내는 가히 최고라 할 수 있다. 복장 규정은 없지만 승려들이 생활하 는 곳이라 너무 짧은 바지나 치마를 입으면 출 입을 제지하는 경우도 있다.

ⓣ 알아두면 유용한 꿀팁
린응사에 대한 정보를 검색하다 보면 선짜 반도, 손트 라 페닌슐라 Sơn Trà Peninsula, 멍키 마운틴 Monkey Mountain, 반다오 선짜 Bán đảo Sơn Trà라는 용어도 볼 수 있는데 이는 모두 같은 장소를 뜻한다. Trà는 영어와 다르게 '짜'라고 읽는데 냐짱 Nha Trang을 나트랑이라고 읽는 것처럼 Sơn Trà를 손트라라 부르는 사람도 있으니 헷갈리지 말자.

Address	Hoàng Sa, Thọ Quang, Sơn Trà
Open	08:00~22:00
Access	다낭 시내에서 차로 20분
GPS	16.100292, 108.277854
Admission	무료

세계에서 가장 긴 케이블카

바나 힐스 Ba Na Hills

바나나가 많아서 바나 힐스라는 이름을 가지게 된 이곳은 1919년 프랑스 식민 시절, 더위를 피하려고 지은 휴양지이다. 전쟁으로 인해 오랜 기간 방치되었다가 1998년에 호텔과 놀이동산을 확충하여 문을 열었고 여행자는 물론, 현지인의 사랑을 듬뿍 받고 있다. 바나 힐스는 크게 세 부분으로 나눌 수 있는데, 가장 아래 부분이자 케이블카 시작점인 입구, 와인 셀러, 정원, 린응사가 있는 중간층, 놀이동산과 프렌치 빌리지, 호텔, 사원 등이 있는 최상층으로 나눌 수 있다.

Address	Thôn An Sơn, Xã Hoà Ninh, Huyện Hoà Vang
Tel	236-3749-888
Open	07:30~21:00
Access	다낭에서 45km. 투어나 차로 이동
GPS	16.025199, 108.031118
Web	banahills.com.vn
Admission	성인 700,000đ, 키 100~130cm 어린이 550,000đ, 키 1m 이하의 어린이 무료 / 밀랍 인형 박물관 100,000đ 별도

💬 **알아두면 유용한 꿀팁**

중간층을 구경하고 싶다면 입구에서 구매한 티켓 외 추가로 7만 동을 내야 한다. 케이블카 도착 후 오른쪽에 있는 매표소가 있고 티켓 구입 시 푸니쿨라를 비롯한 모든 볼거리 입장이 가능하다. 중간층을 보고 싶지 않다면 그대로 케이블카를 타고 최상층으로 올라가면 된다.

케이블카

한국의 놀이공원이나 파주 영어 마을보다 변변치 않은 시설을 가진 바나 힐스가 유명해진 이유는 가장 높은 고도 차이(1,368m)와 가장 긴 싱글 로프(5,801m)로 기네스북에 등재된 케이블카 덕분이다. 바나 힐스에는 세 가지 종류의 케이블카가 있다. 시간이 많다면 '입구 – 중간층 – 최상층 – 입구'순으로 이동하면 되고 시간이 여유롭지 않다면 '입구 – 최상층 – 입구'순으로 이동할 수 있다. 아침에는 상행 케이블카가 오후에는 하행 케이블카가 붐비는 편이다.

구간별 소요시간

입구 Suoi Mo – 중간층 Ba Na: 16분 소요 / 중간층 Debay – 최상층 Morin: 5분 소요 / 입구 Toc Tien – 최상층 L'Indochine: 25분 소요

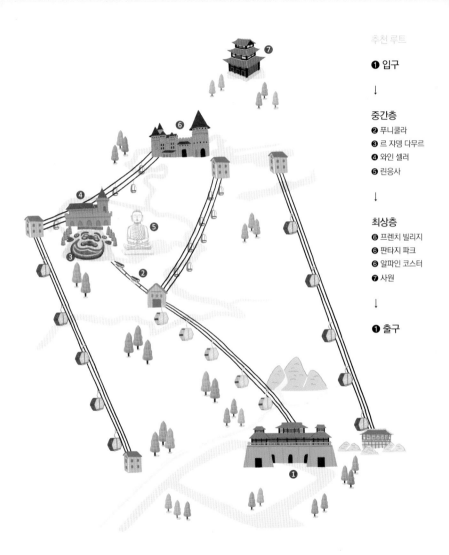

추천 루트

❶ 입구

↓

중간층
❷ 푸니쿨라
❸ 르 자뎅 다무르
❹ 와인 셀러
❺ 린응사

↓

최상층
❻ 프렌치 빌리지
❻ 판타지 파크
❻ 알파인 코스터
❼ 사원

↓

❶ 출구

① 푸니쿨라 Funicular
스위스 회사가 지은 베트남 최초의 푸니쿨라로 정원, 와인 셀러, 절에 올라가는 교통수단으로 이용된다. 운전석이 있는 칸 바로 밑에 위치한 야외 석이 명당이다.
Open 08:00~18:00

② 르 쟈뎅 다무르 Le Jardin D'amour
잘 꾸며진 정원으로 사진을 찍는 사람들로 언제나 붐빈다. 정원 한쪽에서는 악사들이 악기를 연주하고 다리 아래에는 미로 정원이 조성되어 있다. 정원의 모습을 한눈에 내려다보고 싶다면 다리 위에 올라가 보자.

③ 와인 셀러 Debay Wine Cellar
동굴로 된 와인 창고로 큰 볼거리는 없지만 동굴 마지막에 있는 카페에서 상그리아나 커피 등을 마시며 정원을 내려다보기 좋다.
Open 08:00~17:00

④ 린응사 Linh Ung Pagoda
케이블카를 타고 지나갈 때 가장 눈에 띄는 27m의 거대한 불상이 있는 절로 입장 시 손에 투명 도장을 찍고 나올 때 검사한다. 불상의 기단 아래 석가모니의 일생을 조각해 두었다.

⑤ 골든 브릿지 Golden Bridge
커다란 손이 잡고 있는 다리로 이색적인 풍경을 볼 수 있어서 인기몰이 중이다. 중간층을 보기 위해서는 왼쪽 케이블카를 타야 한다는 것을 잊지 말자.

⑥ 프렌치 빌리지 French Village

유럽을 모방한 건축물과 성당이 있어서 프렌치 빌리지라 불리며 대부분의 건축물은 레스토랑과 상점으로 이용되고 있다. 바나 힐스의 음식점들은 대부분이 음식, 맛에 비해 가격이 비싸기 때문에 그다지 추천하지 않는다. 다낭 시내에서 흔히 볼 수 있는 한식집에서 김밥이나 도시락을 포장해서 가는 것이 가장 좋지만, 여의치 않다면 프렌치 빌리지와 판타지 파크에 있는 레스토랑을 이용할 수 있다. 단품을 파는 곳과 뷔페식으로 운영되는 곳이 있는데 단품을 파는 곳을 추천한다.

⑦ 판타지 파크 Fantasy Park

자이로드롭과 범퍼카, 어린이를 위한 놀이기구를 운영하는 곳이다. 그 외에 4D, 5D 영화관과 공룡 체험관, 암벽 등반 시설, 오락기구(유료), 밀랍 인형 전시관(유료) 등이 있다. 5D 영화관 이용 시 앞쪽에서 물이 뿜어져 나오니 카메라를 들고 타지 않는 것이 좋다.

Open 08:00~18:30

⑧ 알파인 코스터 Alpine Coaster

케이블카를 타고 올라가다 보면 구름 속에 있는 레일 위에서 알파인 코스터를 타는 사람들을 볼 수 있다. 레일을 따라 스스로 손잡이를 올리고 내려서 속도를 조절할 수 있는 것으로 인기가 많아서 언제나 줄을 서야 하는 편이다. 단, 부딪히면 위험하니 안전 수칙을 잘 지키는 것이 중요하다. 셀카봉 촬영은 금지되어 있다.

⑨ 사원군

다양한 불상과 석탑, 다양한 건축 양식으로 지어진 건물을 볼 수 있고 날씨가 좋으면 다낭 시내와 바다까지 조망할 수 있다. 프렌치 빌리지 마지막 부근에 있는 계단을 따라 올라가면 된다. 올라가는 길에 정원을 잘 가꿔 놓은 작은 카페가 있어 쉬어갈 수 있다.

5

welcome to
Hoi An
호이안

Old Town · Bãi Biển An Bằng · Mỹ Sơn

Hội An Travel Plan

다낭 여행의 하이라이트, 호이안.
낮에는 시간을 고스란히 간직한 골목을 거닐고 밤에는 색색의 반짝이는 등불로
화려함을 뽐내어 한껏 부푼 여행자의 로망을 가득 채워 준다.

여행자들이 즐겨 찾는 여행지 BEST 3

20만 동 지폐에 그려진 호이안의 랜드마크
내원교

복작복작 화려한 불빛 가득
야시장

다낭, 호이안에서 가장 핫한 그곳!
안 방 해변

① 호이안 시장
▼ 도보 2분
② 쓰당쫑 문화센터
▼ 도보 2분
③ 관우 사원
▼ 도보 5분
④ 복건 회관
▼ 도보 7분
⑤ 떤끼 고가
▼ 도보 10분
⑥ 안 방 해변
▼ 택시 15분
⑦ 내원교
▼ 도보 1분
⑧ 응우옌 티 민 카이 거리
▼ 도보 1분
⑨ 투본 강변 노점상
▼ 도보 3분
⑩ 야시장

① 호이안 시내
▼ 택시 1시간
② 미 썬 유적군
▼ 택시 1시간
③ 내원교
▼ 도보 3분
④ 떤끼 고가
▼ 도보 5분
⑤ 복건 회관
▼ 도보 3분
⑥ 쓰당쫑 문화센터
▼ 택시 15분
⑦ 안 방 해변
▼ 택시 15분
⑧ 스파
▼ 도보 10분
⑨ 야시장

🐝 알아두면 유용한 꿀팁

1. 쓰당쫑 전통공연은 10:15, 15:15에 30분간 열린다.
2. 미 썬 유적지는 투어를 통해 다녀오는 것이 효율적이다.
3. 호이안은 낮과 밤의 풍경이 매우 다르니 둘 다 보는 것이 좋다.

호이안 드나들기

공항이 없는 호이안은 대개 다낭에서 출발해 다녀오는 경우가 많다. 가장 많이 사용되는 교통수단은 그랩(택시)이다.

시내버스

구시가지 근처에 있는 버스 터미널에서 1번 버스를 타면 저렴한 가격에 오행산과 다낭 시내로 갈 수 있다. 노선과 주의사항은 다낭과 동일하니 p.73를 참고하자.

Address 96 Hùng Vương, Phường Cẩm Phô **Tel** 0235-3861-284
Open 05:30~17:30(배차시간 20분) **Cost** 200,000đ

오픈 투어 버스

다낭 혹은 훼를 오갈 때 이용하는 교통수단으로 호이안에서 출발하는 경우 다낭을 거쳐 훼로 간다. 08:30, 13:45 1일 2회 운행하는데 성수기에는 좌석을 구하기 어려우니 예약하는 것이 좋다. 숙소로 픽업 오는 경우가 많으니 예약 시 문의하자.

신 투어리스트 The Sinh Tourist
Address 587 Hai Bà Trưng, Phường Minh An
Tel 0235-3863-948 **Web** thesinhtourist.vn

미니밴

해변과 구시가지에서 다낭 시내와 공항을 오가는 16인승 밴으로 하루 10회 운행한다. 요금은 11만 동으로 이메일 혹은 여행사에서 예약할 수 있다. 운행 시간은 홈페이지를 참고하자. .

Tel 0235-3861-121 **Reservation** sales@barrianntravel.com
Web www.barrianntravel.com

스파 픽업 택시

호이안과 다낭은 각 지역의 스파를 이용하면 무료로 택시를 보내주는 서비스를 제공하는 곳이 많다. 이를 활용해 가고 싶은 볼거리 근처의 스파를 예약하면 효율적으로 여행할 수 있다.

택시(그랩)

다낭에서 호이안까지 30분 정도 소요되며 요금도 약 30만 동으로 저렴하다. 구시가지 안으로는 들어갈 수 없다.

뭐 타고 다니지?

호이안의 볼거리는 크게 구시가지와 해변으로 나눌 수 있다. 구시가지 내에서는 도보로 이동할 수 있고 해변은 차로 10~15분 소요된다.

택시(그랩)

구시가지 내에는 차가 다닐 수 없으므로 구시가지 밖 레스토랑이나 해변을 오갈 때 이용하게 된다. 구시가지에서 해변까지는 약 8~12만 동이다.

씨클로

차량 통행이 금지된 구시가지 내에서 가장 많이 사용되는 교통수단은 자전거 앞에 좌석을 단 씨클로이다. 안 호이 다리An Hoi Bridge를 건너면 휴식을 취하는 씨클로 기사를 만날 수 있다. 탑승 전 반드시 흥정을 통해 루트와 시간 그리고 가격을 정해야 하는데 대부분 30분에 10~15만 동이면 충분하다.

자전거

날씨가 선선한 시간에는 자전거를 타고 구시가지를 돌아볼 수 있다. 호이안 숙소 중에서는 대부분 무료로 자전거를 대여해 주니 체크인 시 확인해 보자.

투본강 조각배 & 바구니 배

저녁 무렵 투본강을 유영하며 야경을 즐기는 건 어떨까. 조각배와 베트남 전통 방식으로 만든 바구니 배를 타고 투본강을 따라 내려오며 풀로 곤충 반지를 만들어 주거나 신나는 노래에 맞춰 바구니 배를 돌리는 쇼를 관람할 수 있는 에코 투어가 있으니 관심이 있다면 참여해 볼 것을 추천한다.

호이안 구시가지

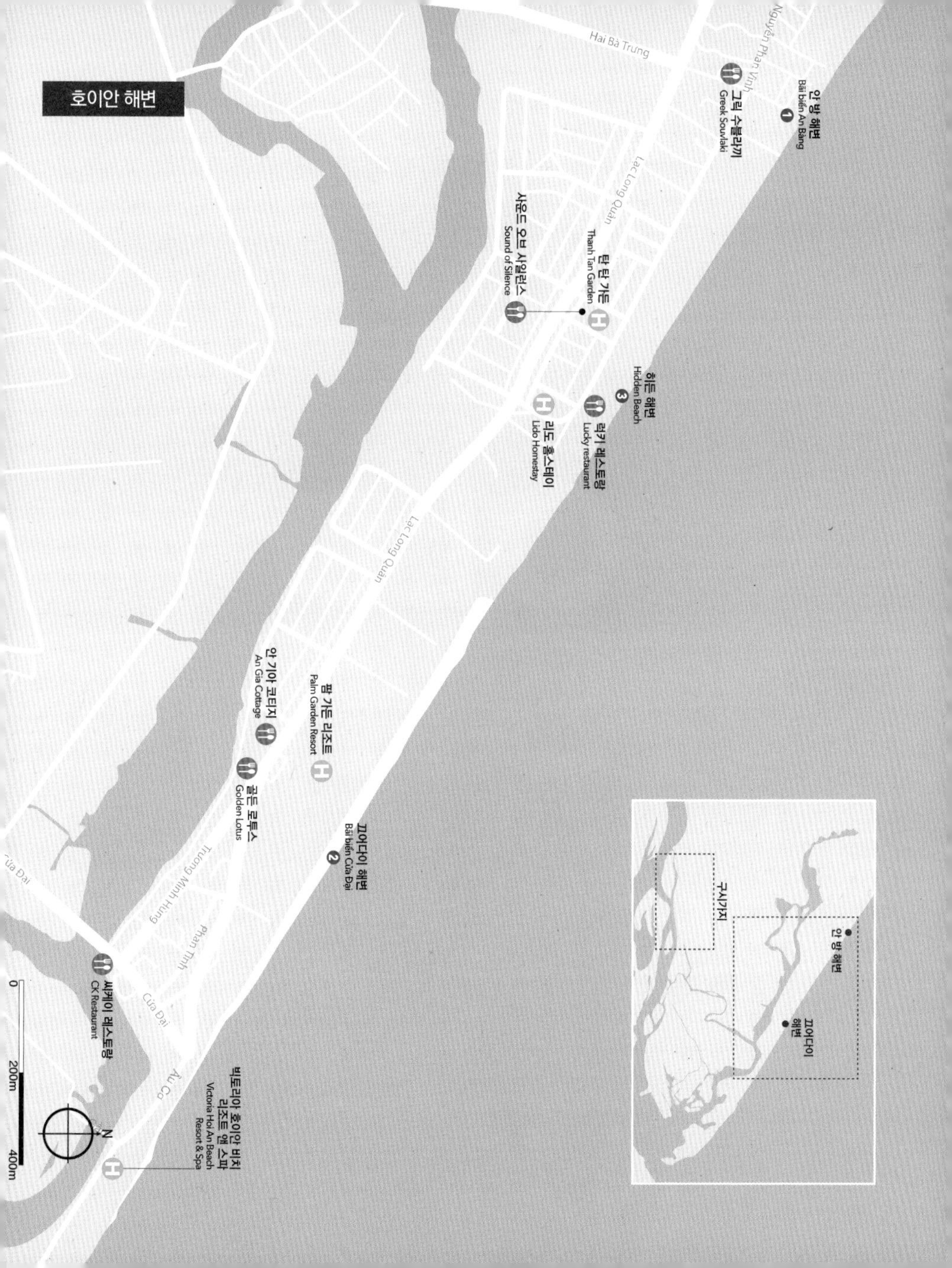

호이안 해변

얀 방 해변
Bãi biển An Bàng

그릭 수블라키
Greek Souvlaki

타잉 탄 가든
Thanh Tân Garden

사운드 오브 사일런스
Sound of Silence

히든 해변
Hidden Beach

럭키 레스토랑
Lucky restaurant

리도 홈스테이
Lido Homestay

팜 가든 리조트
Palm Garden Resort

안 기아 코티지
An Gia Cottage

골든 로투스
Golden Lotus

꾸어다이 해변
Bãi biển Cửa Đại

씨케이 레스토랑
CK Restaurant

빅토리아 호이안 비치
리조트 앤 스파
Victoria Hội An Beach
Resort & Spa

구시가지

안 방 해변

꾸어다이
해변

Hai Bà Trưng

Nguyễn Phan Vinh

Lạc Long Quân

Lạc Long Quân

Trường Minh Hưng

Phan Thịnh

Cửa Đại

Âu Cơ

Cửa Đại

0
200m
400m

N

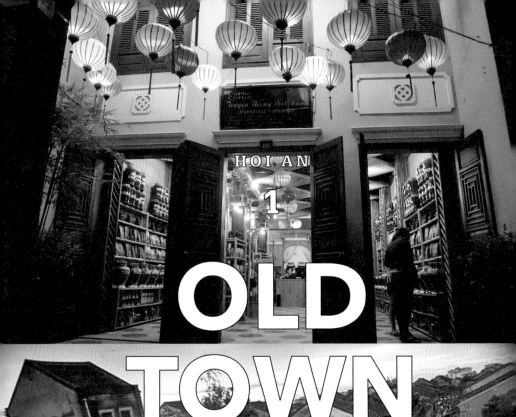

HOI AN

1

OLD
TOWN

호이안 구시가지

호이안의 가장 큰 볼거리이자 모든 것이라 할 수 있는 구시가지는 작은 골목으로 이루어진 곳으로 도시 전체가 유네스코 세계 문화유산으로 지정될 만큼 오랜 역사를 간직하고 있다. 크게는 구시가지, 작게는 내원교의 오른쪽 구역부터 호이안 시장까지를 의미하는데, 고가와 회관 등 여러 볼거리가 몰려 있다. 주로 투본강을 기준으로 구역을 나누어 구경할 수 있는데 투본강을 따라 이어진 박당 거리와 레스토랑, 쇼핑 거리가 많은 쩐뿌 거리 그리고 레 러이 거리는 차량 통행이 통제되고 시간에 따라 오토바이도 다니지 않아서 산책하기에 안성맞춤이다. 또한, 베트남 전통 교통수단인 씨클로 투어가 이루어지는 구역이니 날씨가 선선해지는 시간에 경험해 보자. 저녁에는 수많은 등불에 불이 켜지며 전혀 다른 매력을 선보이고 투본강에서 보트를 타거나 소원등을 띄울 수 있다.

1 투본강에서 소원등 띄우기

투본강에 등을 띄우면 소원이 이루어진다는 전설이 있어서 저녁이면 수많은 여행자의 염원을 담은 소원등이 투본강을 유영한다. 소원이 있다면 배를 타고 간절한 마음을 담아 등을 띄워 보자.
(소원등 15,000~20,000동 | 배 100,000~150,000동)

🏷 **알아두면 유용한 꿀팁**
매달 음력 14일, 보름달이 뜨는 날이면 투본강 근처에서 호이안 등불 축제가 열린다. 축제 기간이 아니어도 매일 등불을 켜지만 등불 축제날은 등불을 제외한 가로등을 켜지 않아서 더욱 아름답다.

2 안 호이 야시장 구경하기

저녁이 되면 호이안 구역에 야시장이 열린다. 동남아의 야시장치고 먹거리나 쇼핑거리가 소박한 편이지만 색색의 등불이 아름다워 웨딩 사진을 찍는 커플도 있다. 야시장을 돌아보고 출출하다면 투본강을 따라 운영되는 노점상에 들러 보자. 우리나라 포장마차와 비슷하지만 색색의 등불을 반영한 투본강 옆 노점상은 그 어떤 레스토랑보다 아름답다. 주로 화로에 구운 꼬치나 돼지고기를 라이스 페이퍼에 싸 먹는 음식, 그리고 호이안 전통 음식인 까오 러우 등을 파는 곳이 많다.

3 구시가지 골목 산책

샛노란 벽 사이 세월의 흔적이 묻어나는 구시가지 골목은 호이안의 상징이자 이 도시의
역사를 보여 준다. 셀카봉을 들고 골목을 거닐며 사진을 찍는 여행자, 목욕탕 의자에 옹
기종기 모여 앉아 쩨를 먹는 현지인, 호객을 하는 상인, 씨클로를 끄는 기사. 다양한 사
람들이 어우러지는 모습이 어색하지 않은 것은 그 옛날 이곳을 스쳐 가며 향신료를 팔
고 유럽으로 길을 떠나던 상인, 이곳에 모여 살며 각자의 문화대로 살아가며 회관에 모
여 중대사를 논의하던 문화, 각자의 종교에 따라 의식을 치르고 흔적을 남긴 세월 위에
서 모든 문화가 융화되며 이질감 없이 호이안만의 독특한 색채가 완성되었기 때문이다.
이제 그들의 문화에 나의 발자국을 더해 보자.

Tip **알아두면 유용한 꿀팁**

날씨가 선선한 시간에는 자전거 혹은 씨클로를 타
고 구시가지를 돌아볼 수 있다. 호이안 숙소 중에
는 자전거를 무료로 대여하는 곳이 많으니 먼저 물
어보는 것이 좋다.

씨클로는 안 호이 다리 근처에 밀집해 있는데 투어
코스와 시간, 가격을 흥정한 후 탑승해야 하고 한 대
당 두 사람까지 탈 수 있다. 30분에 100,000~150,000
동이면 충분하다.

응우옌 티 민 카이 거리
Nguyễn Thị Minh Khai

내원교 왼쪽으로 쭉 이어진 거리로 메인 골목 사이사이 멋스러운 카페와 레스
토랑이 많다. 구시가지보다 한적한 편이라 여행자보다는 장기 거주자들이 즐겨
찾는 곳이니 북적거림에 지쳤다면 이곳을 찾아보자.

실용성과 디자인, 둘 다 놓칠 수 없다면
미욱 스타일
Miuk Style

득안 고가의 후손인 미욱은 전통 옷에 관심이 많아서 한복, 기모노 등 여러 나라의 전통 옷을 재디자인 한 제품을 만들어 낸다. 요즘 한복을 입고 여행하는 것이 유행처럼 번지는데 비싼 가격에 선뜻 구입하지 못했다면 디자인과 실용성에 저렴한 가격까지 더한 미욱 스타일의 한복을 눈여겨보자.

Address	129 Trần Phú, Phường Minh An
Tel	0905-408-849
Open	09:00~21:00
Access	득안 고가 내
GPS	15.876917, 108.327581
Web	miukstyle.com

호이안 쇼핑의 끝판왕
썬데이 인 호이안
Sunday in Hoi An

동남아 각지에서 수입한 수공예품을 파는 곳으로 부엌용품, 라탄 제품, 침구류, 스카프 등이 있다. 다른 곳보다 가격이 높은 편이지만 예쁜 물건이 많아서 정신 바짝 차리지 않으면 한보따리 계산 중인 나를 보게 될지도 모른다.

Address	25 Nguyễn Thái Học, Phường Minh An
Tel	91-855-09-75
Open	10:00~21:00
GPS	15.876620, 108.330177
Web	www.sundayinhoian.com

독특한 디자인 제품이 많은
리칭 아웃 아트 앤 크래프트 숍
Reaching Out Arts & Crafts Shop

청각 장애인의 사회적 통합을 위해 세워진 곳으로 공예부터 사업, 판매 과정에 모두 참여하는 사회적 기업이다. 가구와 조명, 침대보, 쿠션 커버, 다기 등을 판매하고 만드는 과정이 궁금하다면 홈페이지를 통해 투어를 신청할 수 있다.

Address	103 Nguyễn Thái Học, Minh An
Tel	0235-3910-168
Open	월~금 08:30~21:00, 토~일 09:30~20:30
Access	내원교에서 도보 3분
GPS	15.876575, 108.327583
Web	reachingoutvietnam.com

세상에서 단 하나뿐인 독특한 아이템에 눈을 반짝이는 당신이라면 주목! 호이안에서는 독특한 디자인과 질 좋은 핸드메이드 제품을 쉽게 찾아볼 수 있고, 심지어 가격도 저렴하다! 아래 소개한 쇼핑 숍 외에도 호이안 구시가지에서는 다양한 물품을 판매하고 있으니 매의 눈으로 나만의 아이템을 발굴해 보자.

독특한 디자인의 옷을 찾는다면
징고
Ginkgo

부담없는 가격의 예쁜 그릇 가게
티엔 탄 숍
Thiên Thanh Shop

가성비 좋은 고급 제품을 찾는다면
꽝남 무역 박람회 갤러리
Tinh hoa sản phẩm làng nghề Quảng Nam

호찌민을 시작으로 하노이, 냐짱에도 체인점을 둔 옷 가게. 베트남의 미를 현대적으로 재해석한 디자인의 옷으로 여행자들의 사랑을 받고 있다. 호이안 대부분 가게에서는 비슷한 디자인의 옷을 파는데 이곳에서는 독자적인 디자인을 프린팅하여 차별화된다. 옆구리나 어깨가 시원하게 드러난 디자인이 많다.

호이안에 멋진 가게들이 많이 있지만 저렴하고 아기자기한 그릇을 원한다면 이곳을 추천한다. 특히 가족, 친구, 직장 동료들을 위한 기념품을 여러 개 살 예정이라면 더욱 좋다. 처음부터 비싸게 부르진 않지만 흥정을 잘하면 더 깎아 주기도 하고 여러개를 사면 인심 좋게 덤을 주기도 한다.

외관은 구시가지의 다른 가게들과 비슷하지만 내부로 들어가 보면 인테리어와 제품이 살짝 업그레이드된 느낌이 난다. 분위기에서 느껴지듯이 가격도 시장보다는 조금 비싼 편이지만 라탄 가방에 가죽 손잡이를 매칭해 가격이 상승하는 식이니 조금 더 고급스러운 제품을 찾는다면 한국 물가 대비 만족스럽다.

Address	133 Trần Phú
Tel	0235-3923-379
Open	08:00~22:00
Access	내원교에서 도보 1분
GPS	15.877006, 108.326989
Web	www.ginkgo-vietnam.com
Cost	티셔츠 350,000~450,000đ, 지갑 150,000đ

Address	23 hoang van thu Thành phố
Tel	0235-3863-739
Access	내원교에서 도보 5분
GPS	15.876362, 108.330129
Email	thang_ib2003@yahoo.com

Address	35 Nguyễn Thái Học
Tel	0235-3666-466
Access	내원교에서 도보 4분
GPS	15.876479, 108.329762

- 구시가지 통합 입장권 -

호이안 구시가지를 돌아보기 위해서는 12만 동의 통합 입장권을 구입해야 한다. 이 티켓을 이용해 18곳의 볼거리 중 5개의 유적지에 들어갈 수 있고 개별적으로는 입장이 불가하다. 티켓은 처음 한 번만 구입하면 되니 오랜 기간 호이안에 머문다고 매일 새로운 티켓을 구입할 필요는 없다. 유적지 입장 시 티켓의 오른쪽에 있는 작은 티켓을 하나씩 떼어 가는데 모두 사용해도 왼쪽 티켓은 잘 챙겨 두자. 구입은 구시가지 곳곳의 매표소에서 가능하다.

Tel 0510-3862-715
Web hoianancienttown.vn

통합 입장권으로 갈 수 있는 곳

회관
조주 회관
광동 회관
복건 회관

고가
관탕 고가
득안 고가
풍흥 고가
떤끼 고가

사당
쩐 사당
응우엔뜨엉 사당

박물관
호이안 박물관
도자기 무역 박물관
싸후인 문화 박물관
민속 박물관

기타
내원교
쓰당쫑 문화센터
깜포 마을 사당
민흐엉 마을 사당
관우 사당

Hoi An Spot ❶

작지만 즐거움이 꽉 찬
쓰당쫑 문화센터 Xú Dàng Trong Art Centre

MUST SEE

수공예품을 파는 곳으로 가게 안에 들어서면 작은 무대를 가진 공연장이 있다. 이곳을 지나쳐 안으로 들어가면 차와 가면을 파는 곳이 있고 다음 공간에는 옷, 천을, 2층에는 대나무로 만든 소품, 가구 해먹 등을 판매하는 공간이 있다. 다른 곳보다 품질이 좋은 편이고 가격도 정찰제로 운영되니 흥정에 자신이 없다면 이곳에서 구입하는 것도 괜찮은 선택이다. 매일 오전 10시 15분과 오후 3시 15분에 30분간 공연을 진행하는데 공연 시작 전에 나누어 주는 빙고 게임은 꽝남 지역 전통 놀이로 주말 저녁에 조각공원에서 펼쳐지는 것과 같다. 제비뽑기를 해서 같은 무늬가 나온 사람에게 선물을 증정한다.

Address	9 Nguyễn Thái Học
Tel	090-809-1096
Open	08:00~17:00
	전통 공연 10:15, 15:15(30분)
Access	호이안 시장에서 도보 1분
GPS	15.876714, 108.330780
Web	hoianhandicraft.vn
Admission	통합 입장권

Hoi An
Spot ❷

2만 동 지폐에 그려진 호이안의 랜드마크

내원교 Chùa Cầu

MUST
SEE
호이안의 랜드마크로 내원교 또는 일본교로 불리는 이곳은 2만 동 지폐에도 등장하는, 작지만 큰 의미를 담고 있는 곳이다. 호이안에 정착한 일본인에 의해 건설되었고 이곳을 중심으로 동쪽은 중국인, 서쪽은 일본인 거주 지역이었다. 다리를 건너며 볼 수 있는 사원은 쭈아 꺼우 Chùa Cầu라는 이름을 가지고 있고, 날씨를 관장하는 신을 모시고 있다. 낮에는 통합 입장권이 있어야 지나갈 수 있지만 밤에는 제재 없이 지나갈 수 있다. 다리 건설이 시작된 해가 원숭이였고 끝난 해가 개의 해라 다리 양쪽 입구에는 개와 원숭이 동상이 세워져 있다.

Tip **알아두면 유용한 꿀팁**

다리 내부에는 사원 외에 큰 볼거리가 없지만 내원교를 건너려면 통합 입장권을 사용해야 한다. 좀 더 많은 유적지를 돌아보고 싶다면, 다리 오른쪽에 있는 골목으로 돌아가 다리 건너편으로 이동하면 되니 참고하자. 입장권을 받는 직원에게 물어보면 친절히 알려 준다.

Address	Nguyễn Thị Minh Khai, Cẩm Phô
Open	24시간
Access	안 호이 다리에서 도보 1분
GPS	15.87712, 108.32603
Admission	통합 입장권

Hoi An
Spot ❸

재물 신으로 추앙받는
관우 사원 Quan Công Miếu

화려한 용 그림, 중국식 전등으로 꾸며진 관우 사원은 호이안에 정착한 중국인들이 1653년 세운 사원으로 삼국지의 영웅이자 충의, 성실, 청렴, 정의의 상징으로 일컫는 관우를 모시고 있다. 사원에 들어서면 각종 무기류를 전시해 놓은 모습을 가장 먼저 만날 수 있다. 사원의 규모는 작지만 다양한 암석 위에 수풀을 심은 중국 강남 지방 스타일의 정원이 꾸며져 있고 사원 내부 벽에는 삼국지에 등장하는 관우의 일대기가 판화 형식으로 조각되어 있다. 중앙 재단의 가운데에는 관우가, 양옆으로는 관우의 양자인 관평, 관우의 심복인 주창이 함께 모셔져 있다. 관평은 비록 양자이지만 관우에 버금가는 충의를 지니고 있어 그 아버지에 그 아들이라는 평을 받았으며, 주창은 산적이었지만 관우의 인품에 반해 평생을 관우와 촉나라에 충성을 다했고 오나라 전투에서 참수당했다는 소식을 듣자마자 성벽에 스스로 몸을 던진 인물이다. 그리고 재단 양옆의 백마와 적토마는 관우가 타고 다닌 말이다. 사원 바로 옆에는 호이안 역사 문화 박물관이 있다.

Address	24 Trần Phú, Minh An
Tel	0235-3861-327
Open	08:00~17:00
Access	호이안 시장에서 도보 1분
GPS	15.877567, 108.331395
Admission	통합 입장권

Hoi An
Spot ❹

옛 생활상을 엿볼 수 있는
도자기 무역 박물관 Bảo tàng gốm sứ mậu dịch

호이안에서 발굴된 도자기를 전시해 둔 곳으로 총 268개가 전시되어 있다. 침몰한 배에서 발견된 것이라 보존 상태가 좋은 편은 아니지만 도자기에 그려진 그림을 통해 옛 모습을 엿볼 수 있다. 통합 입장권을 사용해야 하는 만큼 도자기에 관심이 없다면 지나쳐도 좋은 곳이다.

Address	80 Trần Phú
Tel	0510-3862-944
Open	08:00~17:00
Access	중화 회관에서 도보 1분
GPS	15.87727, 108.32952
Admission	통합 입장권

Hoi An
Spot ❺

다양한 골동품을 전시해 놓은
쩐 사당 Nhà thờ cổ tộc Trần

1802년 왕의 사절로 중국에 가게 된 쩐뚜냑Trần Tứ Nhạc이 조상에게 감사를
표하기 위해 지은 곳으로, 중국식, 일본식, 베트남 건축 양식이 조화를
이룬다. 내부에는 1802년에 만들어진, 당시의 모습이 그대로 재현된
방과 조상을 기리는 사당이 있는데, 이곳에는 의자 미니어처와 날개를
활짝 편 독수리 조각상이 올려져 있는 독특한 제단이 있다. 건물 내부
곳곳을 박물관처럼 꾸며놓고 설명하는 척 오래된 골동품들을 강매하
는데 원치 않으면 집만 둘러보고 나오면 된다.

Address	21 Lê Lợi
Tel	0168-566-9700
Open	08:00~17:00
Access	레 러이 거리와 판쩌우찐 거리가 만나는 모퉁이
GPS	15.87855, 108.32879
Admission	통합 입장권

🈳 알아두면 유용한 꿀팁
독수리 조각상 앞에는 동전 2개가 담긴 하얀 그릇이 있는데
이곳에 동전을 던져 운세를 볼 수 있다. 동전은 음양의 조화
를 알아보는 것으로 동전을 세 번 던져서 서로 다른 면(음과
양)이 나오면 행운이 찾아온다고 한다.

Hoi An
Spot ❻

한약방에서 시작한 상점
지엡 동 응우옌 Diệp Đồng Nguyên

광둥성에서 온 중국 상인이 중국 약국을 열어서 운영하다가 사업을 확
장해서 보석과 도자기, 책 등 많은 상품을 팔던 곳이다. 지금도 우리나
라 한약방을 연상시키는 의약품이 선반에 진열되어 있다. 마당 부엌
뒤편은 생활 공간으로 들어갈 수 없고 낮은 천장과 사원, 침실로 이루
어진 2층 또한 실제로 사용하는 곳이다.

Address	58 Nguyễn Thái Học, Minh An
Open	08:00~17:00
Access	내원교에서 도보 5분
GPS	15.876591, 108.328568
Admission	무료

Hoi An
Spot ❼

다양한 양식이 조화를 이룬
떤끼 고가 Nhà Cổ Tấn Ký

MUST SEE 여행자 거리에 있어 가장 많은 사람들이 둘러보는 곳으로 베트남, 중국, 일본 양식이 잘 어우러진 건축물로 평가된다. 열대성 기후를 가진 호이안의 집은 대부분 통풍을 극대화할 수 있도록 폭이 좁고 긴 형태를 보이며, 양쪽 대문을 일직선으로 연결하여 바람길을 내는데, 그 특징 또한 잘 살아 있다. 옻칠한 내부는 굉장히 어둡고 집 한가운데에는 우물을 둔 중정이 있어서 온도와 습기 제거에 탁월한 역할을 한다. 중정 옆 벽에는 당대 최고의 상인의 명성을 본받아 사업의 번창을 바라는 사람들의 명함이 꽂혀 있다. 또한, 벽에 쓰인 눈금과 숫자는 홍수가 났을 때 물에 잠겼던 수위를 표시한 것이다.

Address	101 Nguyễn Thái Học, Minh An
Tel	0235-3861-474
Open	08:00~12:00, 13:30~17:30
Access	내원교에서 도보 3분
GPS	15.87647, 108.3277
Admission	통합 입장권

Hoi An Spot ❽

고풍스러움이 한껏 묻어나는

풍흥 고가 Nhà Cổ Phùng Hưng

내원교 바로 옆에 있는 풍흥 고가는 1780년 중국 상인에 의해 지어진 곳으로 전형적인 옛 상점의 모습을 하고 있다. 실크, 종이, 향신료, 향, 소금 등을 취급했으며 80개의 목조 기둥이 2층 건물을 지탱하고 있다. 일본, 중국과 베트남 건축 양식이 혼합되어 있는데, 사면으로 만든 일본식 지붕에 거북이 모양과 2층 테라스는 중국식 지붕이고 나머지는 베트남 양식으로 지어졌다. 홍수가 잦은 지역이다 보니 1층 집기를 신속하게 2층으로 올릴 수 있도록 지어졌다. 2층에는 조상의 위패를 모시고 있다.

Address	4 Nguyễn Thị Minh Khai, Cẩm Phô
Open	08:00~11:30, 13:30~17:00
Access	내원교에서 도보 1분
GPS	15.87719, 108.3258
Admission	통합 입장권

Hoi An Spot ❾

공산당 창당을 주도했던 인물의 집

득안 고가 Nhà Cổ Đức An

1850년 중국인이 지은 가옥으로 공산당 창당을 주도한 인물이 살던 곳이라 공산 혁명에 관련된 사진이 많이 전시되어 있다. 프랑스 식민 시절, 반프랑스 운동가들의 회동 장소로 사용되었고 많은 정치 사상가들의 책을 보유하고 있어서 지식인들이 즐겨 찾고 토론을 벌인 곳으로도 유명하다.

Address	129 Trần Phú, Minh An
Tel	090-540-8849
Open	08:00~21:00
Access	내원교에서 도보 2분
GPS	15.87691, 108.32758
Admission	통합 입장권

Hoi An
Spot 10

복건성 화교들의 친목의 장
복건 회관 Hội Quán Phúc Kiến 福建會館

MUST SEE

18세기 중국 본토를 다스리던 명나라가 거란족에 의해 멸망하고 호이안으로 이주한 후 그들만의 안식처로 만든 것이 바로 이 복건 회관이다. 복건 회관이라고 적힌 패방을 지나면 분홍색 삼중문이 나온다. 이것은 1975년에 지어진 것이지만 18세기에 지어진 다른 건물과 잘 어우러진다. 본당 앞에는 도자기로 만든 용과 거북이, 유니콘, 봉황 등 화려한 조각이 있는데 용은 권력, 거북이는 지구력, 유니콘은 지식, 봉황은 귀족을 상징한다. 본당은 바다의 여신, 티엔 허우를 비롯해 여러 신을 모시는 사원으로 이용되고 있다. 본당 한쪽에는 남중국해를 건너 이곳에 올 때 탔던 배의 모형이 전시되어 있는데 배의 내부까지 상세히 묘사되어 있다는 점이 흥미롭다. 본당 가장 깊숙한 곳에는 중국에서 이주할 당시 복건성의 여섯 가문의 수장이 모셔져 있는데 이들이 바로 오늘날 베트남에 적을 둔 복건성 출신 화교들의 조상이다.

Address	46 Trần Phú, Minh An
Open	08:00~17:00
Access	중화 회관에서 도보 1분
GPS	15.87752, 108.33056
Admission	통합 입장권

도자기로 만든 용 조각상이 눈에 띄는
광둥 회관 Hội Quán Quảng Triều 廣東會館

Hoi An Spot ⑪

바다를 터전 삼아 무역에 종사했던 광둥인들이 그들만의 모임을 조성하고 1885년 세운 곳이 바로 이 광둥 회관이다. 광둥 회관의 꽃은 회관 곳곳에 걸려 있는 삼국지 그림과 중앙 제단에 모신 관우 상이다. 그중에서도 복숭아밭에서 의형제를 맺는 도원결의를 그린 그림이 가장 인기가 좋다. 관우를 모신 중앙 제단 옆에는 그의 애마 적토마와 적토마를 받기 전에 타고 다녔던 말 백마도 있다. 또한, 사원의 지붕에 새겨진 섬세한 조각도 놓치지 말고 꼭 보자. 작은 규모이지만 중앙에는 도자기로 만든 용과 연못, 나무 등이 조성되어 있는 정원도 있다. 용의 조각상은 호이안의 많은 유적지에서 찾아볼 수 있는데 그중에서도 광둥 회관의 것이 가장 크고 역동적이다. 특히 용의 고유한 색을 재현하기 위해 색색깔 도자기 조각을 모자이크 방식으로 붙인 것이 특징적이다.

Address	176 Trần Phú, Minh An
Open	07:30~17:30
Access	내원교에서 도보 2분
GPS	15.877162, 108.326560
Admission	통합 입장권

108명의 조상을 기리기 위해 세운
해남 회관 Hội quán Hải Nam 海南會館

Hoi An Spot ⑫

고향을 떠나 베트남에 정착한 하이난 사람들이 그들의 조상을 모시기 위해 세운 사원이다. 회관 입구에는 두 마리의 말이 끌고 있는 수레 그림이 있는데, 이것은 고대 중국 무덤에서 많이 출토되는 형태의 유물인 만큼 중국의 문화를 여실히 보여 준다. 본당은 베트남으로 올 당시 남중국해에서 풍랑이나 해적의 습격으로 행방불명되거나 베트남에 도착 후 베트남 정권에 의해 죽임을 당한 108명의 조상을 기리기 위해 세워진 곳이다. 제단 아래 장식에는 중국의 화려한 궁중 생활이 상세히 묘사되어 있다.

Address	10 Trần Phú, Minh An
Open	08:80~17:00
Access	관우 사원에서 도보 2분
GPS	15.877663, 108.332149
Admission	무료

화려한 세라믹 조각이 있는

조주 회관 Hôi quán Trieu Chau 潮州會館

1776년 그들의 조상과 바다의 신을 모시기 위해 건립한 사원으로 오늘날에도 명절이나 행사가 있을 때 조주 지방 화교들의 후손이 모이는 장소이다. 눈여겨봐야 할 부분은 지붕 위에 있는 용과 연꽃, 염소 등의 세라믹 조각들로 화려한 색채를 뽐낸다. 회관 중앙 제단 아래, 두 명의 여성이 날개옷을 휘날리며 바다 아래 물고기와 춤을 추는 모습을 하는 조각이 있는데 여성의 옷차림은 중국식인데 머리 모양은 전형적인 일본식이다. 이로 미루어 보아 중국인과 일본인의 교류가 활발했다는 것을 알 수 있다.

Address	157 Nguyễn Duy Hiệu
Open	07:30~17:30
Access	내원교에서 도보 10분
GPS	15.877757, 108.332949
Admission	통합 입장권

최초의 중국 회관

중화 회관 Hôi quán trung hoa 中国會館

자신의 출신 지역에 따라 모임을 하는 다른 회관과는 달리 연합하여 세운 유일한 사원으로 바다의 여신 티엔 허우를 모시는 사원이다. 티엔 허우 여신 옆에 있는 조각상은 쭈앙 퐁 니Thuang Phong Nhi인데 동중국해를 지나는 중국인들이 태풍 같은 재해나 해적들을 만나 위험에 처했을 때 티엔 허우 여신에게 이를 알리는 역할을 한다. 과거 베트남에 온 중국인들이 쉬어가는 장소로 이용되었지만, 지금은 화교들의 모국어 교육 기관으로 이용되고 있다.

Address	64 Trần Phú, Minh An
Tel	0235-3861-935
Open	07:30~17:30
Access	관우 사원에서 도보 3분
GPS	15.877396, 108.330018
Admission	무료

까오 러우 면을 만들 때 이용되는 단 하나의 우물!

발레 우물 Ba Le Well

골목 안쪽에 있는 소박한 우물이지만 천 년 동안 그 자리를 지키고 있는 곳으로 물맛이 좋아서 까오 러우 면을 만들 때 꼭 이곳의 우물물을 사용한다고 한다. 근처에 있는 발레 웰에 반 쎄오를 먹으러 간다면 산책 삼아 가 볼 만하다. 약간 외진 곳에 있으니 저녁에 혼자 가는 것은 추천하지 않는다.

Access 발레 웰 식당에서 표지판을 따라 도보 2분

Hoi An
Spot 15

어딜가나 가장 재미있는 것은 시장 구경
호이안 중앙 시장 Chợ Hội An

MUST SEE

수많은 관광객에 치여 사람 사는 곳이라는 느낌이 적은 구 시가지에서 현지인의 모습을 보고 싶다면 호이안 중앙 시장으로 가자. 북적이는 현지인들 사이에서 과일을 사거나 저렴하게 한 끼를 해결하는 것은 색다른 경험이 될 것이다. 이른 아침에 가면 더욱 활기찬 모습을 볼 수·있다.

Address   Trần Quý Cáp, Minh An
Open   05:00~20:00
Access   관우 사원 맞은편
GPS   15.877339, 108.331288
Admission 무료

구시가지 최고의 전망을 볼 수 있는

파이포 커피
Faifo Coffee

MUST EAT 구시가지가 한눈에 내려다보이는 환상적인 전망을 만날 수 있지만 특별히 눈에 띄지 않는 외관 덕분인지 손님이 적어 한가하게 여유를 즐길 수 있다. 2층 테라스에서는 골목을 걷는 사람들을, 3층 루프톱에서는 호이안 구시가지 지붕을 내려다볼 수 있다. 아침 메뉴부터 음료, 주류까지 다양하게 판매해 언제나 방문하기 좋으며, 신선한 원두를 직접 로스팅해 내린 커피가 특히 맛있다. 참고로 파이포는 호이안의 옛 이름이다.

Address	130 Trần Phú, Minh An
Tel	090-546-6300
Open	08:00~21:30
Access	내원교에서 도보 3분
GPS	15.8772, 108.32809
Cost	đ

호이안에서 가장 평화로운 공간

로지스 카페
Rosie's Cafe

시끌벅적한 골목을 지나 내원교 안쪽으로 들어서면 걸음마저 느려지는 한가로운 골목이 나타난다. 그곳에서도 아주 작은 골목 안 주택가로 들어가야 나오는 로지스 카페는 아마도 호이안에서 가장 평화로운 공간일 것이다. 단순히 커피를 파는 공간이 아니라 누구나 편안하게 마음을 쉬어갈 수 있는 안식처를 만들고 싶어 하던 베트남 소녀 단짝이 만든 카페로 아직 앳된 그들의 얼굴에는 언제나 부드러운 미소가 넘친다. You are beautiful, Wake me up 등 사랑스러움이 뚝뚝 묻어나는 이름의 주스와 간단한 스낵류를 판매하고 얼음을 넣어 천천히 내린 콜드 브루Cold Brew와 아보카도를 얹은 토스트가 특히 인기다. 카페 안쪽에서 미욱 스타일(p.136)의 제품을 판매하고 있다.

Address	8/6 Nguyễn Thị Minh Khai
Tel	0122-459-9545
Open	월~금 09:00~17:00, 토 08:00~15:00, 일 휴무
Access	내원교 옆 골목으로 도보 1분
GPS	15.87766, 108.32564
Cost	đ

Tip 찾아가기 꿀팁
내원교를 건너지 않고 오른쪽으로 조금만 돌아가면 샛길을 통해 골목으로 들어갈 수 있다.

낮보다 화려한 밤을 가진

더 힐 스테이션
The Hill Station

MUST EAT

세련된 인테리어와 근사한 메뉴로 현지인뿐만 아니라 여행자들에게도 사랑받고 있는 더 힐 스테이션은 베트남 북부 지역 싸파Sa pa와 하노이Hanoi에도 매장이 있는 커피숍이다. 몇백 년의 흔적이 고스란히 남아 있는 외관과 여백의 미를 보여 주는 모던한 인테리어가 묘하게 어우러지는 이곳의 명당은 2층 테라스이다. 무슬리, 빠니니 등으로 간단히 아침을 해결하러 오는 서양인이 많고 좋은 원두를 사용한 커피와 케이크도 맛있다. 이곳의 매력을 제대로 느끼고 싶다면 어스름한 밤을 노려보자. 추천 메뉴는 화려한 플레이팅을 자랑하는 치즈, 하몽과 와인!

Address	321 Nguyễn Duy Hiệu
Tel	0235-6292-999
Open	07:00~22:00
Access	조주 회관에서 도보 1분
GPS	15.877843, 108.333890
Web	www.thehillstation.com
Cost	đ̲đ̲

말을 할 수 있다고 언제나 말이 통하는 것은 아니다

리칭 아웃 티 하우스
Reaching Out Tea House

MUST EAT 침묵의 아름다움The Beauty of Silence이라는 슬로건과 잘 어울리는 티 하우스가 있다. 카페 안으로 들어서면 시끌벅적한 골목과는 사뭇 다른 적막감에 말소리를 줄이게 된다. 이곳은 청각 장애인 직원이 일하는 곳으로 테이블에 놓인 작은 블록에는 시원한 물Cold Water, 얼음Ice, 고맙습니다Thank You 등 여러 가지 단어가 적혀 있어 직원과의 의사소통을 돕는다. 녹차와 우롱차, 자스민차, 허브차, 커피 그리고 간단한 스낵을 판매하며 시원한 우롱차Oolong Tea가 인기가 많다. 여러 가지 차와 커피를 맛볼 수 있는 테이스팅 세트도 괜찮은 편이고, 카페 한쪽에서 다양한 차를 판매하고 있다.

Address	131 Trần Phú, Sơn Phong
Tel	090-521-6553
Open	월~금 08:30~21:00, 토~일 10:00~20:00
Access	내원교에서 도보 2분
GPS	15.877006, 108.327285
Web	reachingoutvietnam.com
Cost	đ

베트남 최대 커피 생산지인 달랏 원두를 사용하는

호이안 로스터리
Hoi An Roastery

달랏의 커피 농장과 연계하여 품질 좋은 원두를 공급받는 곳으로 쌉쌀하고 고소하며 초콜릿 향이 나는 달랏 커피의 장점을 충분히 살린 커피를 맛볼 수 있다. 여느 베트남 카페처럼 음료 외 베이커리와 간단한 식사류도 판매한다. 로스터리 카페인 만큼 커피가 맛있는데 달걀노른자를 저어 거품을 얹은 에그 커피는 별미 중 별미! 이것은 하노이, 싸파 등 북부 지역에서 흔히 볼 수 있는 커피로 약간의 달걀 비린내가 나고 독특하지만 달콤하고 부드러워 중독성이 강하다. 카페 한쪽에서 작게 포장된 원두를 판매하는데 호이안의 다른 원두 가게보다 비싼 편이지만 사장이자 로스터인 네덜란드인이 직접 관리해 맛이 일정한 것이 장점이다. 이곳과 코코박스의 사장은 같은 사람으로 주로 호이안 로스터리 2호점에 머물며 커피를 볶거나 커피에 대해 강습을 한다.

Address	135 Trần Phú, Minh An
Tel	0235-3927-772
Open	07:00~22:00
Access	복건 회관 맞은편
GPS	15.877316, 108.330622
Web	www.hoianroastery.com
Cost	đ

💬 알아두면 유용한 꿀팁
호이안 로스터리는 구시가지 내 여러 지점을 가지고 있는데 그중 여기서 소개한 내원교점은 가장 아름다운 인테리어를 뽐내는 곳으로 왼쪽 야외 석은 웨딩 촬영지로 자주 이용되니 인생 샷을 찍고 싶다면 아오자이를 입고 이곳에 가 보자. 투본 강변 지점은 멋진 야경을 볼 수 있어서 저녁에 인기가 많은 편이다.

집 앞 단골 카페같이 편안한

미아 커피
Mia Coffee

투본강을 따라 걸으며 호이안 시장을 지나면 홈스테이와 호텔, 스파가 즐비한 거리가 나온다. 이곳에 새초롬하게 자리 잡은 미아 커피는 아기자기한 인테리어에 한적함과 맛있는 음식까지 모두 갖춘 곳이다. 커피와 음료, 쿠키, 파니니가 메뉴의 전부이지만 베트남 커피를 제외한 대부분 메뉴가 괜찮은 편이다. 내가 즐거워야 모두가 즐겁다는 모토 아래 오후 5시면 문을 닫는다는 것을 기억하자. 호이안 최고의 맛집, 하이 누들스(p.163)와 같은 골목에 있어 함께 들르기 좋다.

Address	20 Phan Bội Châu, Sơn Phong
Tel	090-555-2061
Open	07:00~17:00
Access	복건 회관에서 도보 6분
GPS	15.877180, 108.334467
Cost	đ

호이안 야경 사진에 가장 많이 등장하는

탐탐 카페
Tam Tam Cafe

호이안 구시가지 거리에서 가장 많은 등불을 설치한 곳으로 많은 여행자의 사진 속 배경이 되는 곳이다. 커피와 음료, 케이크 등 다양한 메뉴를 판매하지만 맛은 그저 그렇다. 하지만 내부에 있는 창 너머로 보이는 조명이 아름다우니 음료 한 잔을 즐기며 인생 샷을 남겨 보자.

상큼한 노란 벽에 아담한 정원이 있는

라 톤넬
La Tonnelle

내원교를 건너 한적한 골목을 걷다 보면 아름다운 정원으로 둘러싸인 라 톤넬을 만날 수 있다. 베트남 전통 음식과 음료, 와인 그리고 간단한 주전부리를 판매한다. 다른 곳보다 가격은 조금 비싼 편이지만 음식 하나하나에 정성이 담긴 것을 느낄 수 있고 맛도 괜찮은 편이다. 푹신한 소파에 기대어 몇 시간씩 시간을 보내는 여행자도 많은데 해가 진 후에는 모기가 많으니 조심하는 것이 좋다.

Address	130 Nguyễn Thái Học, Minh An
Tel	0235-3862-212
Open	08:00~24:00
Access	내원교에서 도보 3분
GPS	15.87663, 108.32749
Web	www.tamtamcafe-hoian.com
Cost	đ

Address	44 Nguyễn Thị Minh Khai
Tel	0235-3864-432
Open	07:00~22:00
Access	내원교에서 도보 2분
GPS	15.877793, 108.324414
Web	www.latonnellehoian.com
Cost	đđ

열대과일 좋아하는 사람은 놓치지 말자!

코코박스
Cocobox

맛있는 열대과일, 매번 껍질 벗기기 힘들었다면 코코박스에서 모두 맛보자! 망고, 비트, 자몽, 파인애플 등 다양한 종류의 과일과 채소를 재료로 사용한다. 프레스로 눌러서 과일 본연의 맛을 살린 콜드 프레스, 갈아서 만든 블렌드, 새콤한 요거트와 섞은 스무디 등 어떤 맛이 날지 상상도 할 수 없을 만큼 다양한 조합의 주스를 맛볼 수 있다. 안 호이 다리 근처에 위치해 많은 사람이 드나드는 곳으로 푹신한 의자에 앉아 쉬며 사람 구경하기도 좋다. 호이안 로스터리와 사장이 같아서 같은 원두를 사용하며 이곳에서도 원두를 살 수 있다. 코코넛 오일, 유기농 잼 등 다양한 먹거리도 판매하는데 가장 눈여겨봐야 할 아이템은 베트남 공정무역 마로 초콜릿 Marou Chocolate. 어떠한 합성 첨가물도 넣지 않고 100% 베트남 카카오로 만든 마로 초콜릿을 한국의 반값에 살 수 있다.

Address	94 Lê Lợi, Phường Minh An
Tel	0235-3862-000
Open	07:00~22:00
Access	안 호이 다리에서 도보 1분
GPS	15.876699, 108.328600
Cost	đ

갤러리에서 차 한 잔

코틱
Cotic

중국 분위기가 느껴지는 그림을 따라 갤러리 안으로 들어가면 옛날 사람들의 생활 모습을 재연해 놓은 미니어처를 볼 수 있다. 갤러리를 지나 안으로 들어가면 마당에서 커피와 맥주 등 간단한 음료를 판매하고 다음 건물에서는 그릇과 옷, 액세서리, 가구 등을 판매한다. 음료를 마시지 않더라도 관람할 수 있으니 들어가 보자.

Address	60 Nguyễn Thái Học, Minh An
Tel	0510-391-6060
Open	09:30~21:00
Access	쓰당쯩 문화센터에서 도보 2분
GPS	15.876511, 108.329489
Cost	đ

호이안 바Bar는 신데렐라?

호이안의 밤은 화려하다. 유유히 흐르는 투본강 위를 떠다니는 조각배, 배 위에서 소원등을 띄우는 사람들, 색색의 등불이 달린 호이안 골목을 걸으며 예스러움을 만끽하는 사람들, 그리고 내일이 오지 않을 것처럼 춤추며 마시는 사람들! 안 호이 다리를 건너 야시장 오른쪽으로 걸어가다 보면 많은 바Bar를 볼 수 있는데 그중에서 가장 인기가 많은 곳은 타이거 타이거Tiger Tiger, 펑키 멍키Funky Monkey이다. 하지만 동네가 떠나가도록 시끄럽다가도 자정이 되면 신기루처럼 모두 문을 닫는데 이는 호이안 치안을 위한 것으로 12시가 지나면 모든 거리는 고요해진다. 비교적 치안이 좋은 동네이지만 좁고 으슥한 골목이 많으니 새벽에는 다니지 않는 것이 좋다.

배틀 트립에 나온 그 집

오리비 레스토랑
Orivy Hoi An Local Food Restaurant

MUST EAT 구시가지에서 약간 벗어나 한적한 곳에 위치한 오리비 레스토랑은 예쁜 정원이 있는 곳으로 가끔 연못에 사는 개구리가 뛰어나와서 놀라게 할 때가 있다. 베트남 음식을 파는 곳으로 반 쎄오와 스프링롤, 모닝 글로리 볶음과 볶음밥이 인기가 많은 편이고 향신료가 강하지 않아 외국 음식에 거부감을 가진 사람도 즐겁게 먹을 수 있다. 낮도 좋지만 저녁에 가는 것이 훨씬 아름답다.

Address	576 1 Cửa Đại
Tel	090-530-6465
Open	11:00~21:30
Access	해남 회관에서 도보 9분
GPS	15.880312, 108.336177
Web	www.orivy.com
Cost	đđ

호이안 분위기 깡패는 여기!

시크릿 가든
Secret Garden

시끌벅적한 골목 사이에 숨어 조용히 빛을 발하고 있는 시크릿 가든. 이름에 걸맞은 아름다운 정원이 있으며 분위기 잡고 이야기를 나눌 수 있도록 옆 테이블과 간격이 넓은 것이 인상적이다. 베트남 전통 요리를 전문으로 하는데, 부드러운 껍질의 마늘 꽃게Garlic fried crab와 호이안 전통 음식인 화이트로즈가 괜찮고 음식 주문 시 새콤한 샐러드가 제공된다. 식후에 먹는 쫄깃한 식감의 타피오카 푸딩도 인기 만점! 야경이 아름다운 곳이니 낮보다는 저녁에 찾을 것을 추천한다.

Address	60 Lê Lợi, Phường Minh An
Tel	0235-3911-112
Open	08:00~24:00
Access	떤끼 고가에서 도보 3분
GPS	15.8778, 108.32776
Web	secretgardenhoian.com
Cost	đđ

퓨전 베트남 요리를 맛볼 수 있는

랜턴 타운 레스토랑
Lantern Town Restaurant

MUST EAT 랜턴이라는 이름처럼 수많은 조명이 정원을 가득 채운 아름다운 레스토랑으로 앤티크 가구와 고전미를 뽐내는 그림이 전시되어 있어서 고풍스러운 분위기를 자아낸다. 베트남 전통 음식과 퓨전식을 맛볼 수 있고 와인 셀렉션이 괜찮은 편이라 함께 곁들이기 좋다. 건물의 앞, 뒤를 개방해 바람길을 내는 호이안 전통 방식에 따라 지어진 곳으로 앞문과 뒷문이 각기 다른 골목으로 이어진다.

Tip 알아두면 유용한 꿀팁
15:00~19:00은 해피아워로 음료 1+1 행사를 한다.

Address	49 Nguyễn Thái Học, Phường Minh An
Tel	0235-3939-345
Open	08:30~22:30
Access	떤끼 고가에서 도보 3분
GPS	15.87653, 108.32965
Cost	đđ

골라먹는 재미가 있는

비즈 마켓 레스토랑
Vy's Market Restaurant

MUST EAT 베트남의 모든 요리가 모여 있는 뷔페식 레스토랑으로 다양한 음식을 직접 보고 고를 수 있어 베트남 음식을 잘 모를 때 찾기 좋은 곳이다. 다양한 음식만큼이나 다양한 인종의 사람들이 한 데 모여 베트남 음식 문화를 즐겁게 접하는 모습이 이색적이다. 주문은 레스토랑을 한 바퀴 둘러보며 먹고 싶은 음식을 정한 후 자리로 돌아와서 태블릿으로 하면 된다. 싱싱한 재료 덕분인지 퍼, 미꽝, 분 짜 까 등 무엇을 선택해도 맛있는 편이다. 매일 오후 3시부터 5시까지는 문을 닫으니 참고하자.

Address	3 Nguyen Hoang, An Hội
Tel	0235-3926-926
Open	08:00~15:00, 17:00~22:00
Access	안 호이 다리에서 도보 1분
GPS	15.875623, 108.325987
Cost	đđ

투본강이 내려다보이는

카고 클럽
Cargo Club

카고 클럽의 진가는 어둠이 내려앉는 밤이 되어야 알 수 있다. 2층 야외석에서 보이는 풍경은 대략 이렇다. 상기된 얼굴로 야시장을 구경하는 여행자들, 낮에는 크게 눈에 띄지 않던 조형물에 불을 밝혀 색다른 매력을 뽐내는 안 호이 다리, 투본강에 띄운 수많은 소원등이 유유히 떠내려가는 모습은 놓치기 아까울 만큼 매혹적이다. 파스타, 피자, 버거 등 서양식과 베트남식이 있는데, 가장 인기가 많은 메뉴는 뚝배기에 담겨 나오는 커리로 얼큰하게 요청해서 함께 나오는 밥에 슥 비벼 먹으면 한국인의 입맛에도 잘 맞다. 그 밖에 파스타와 해산물 그릴 모둠도 인기가 많은 편이다. 가격에 비해 맛은 평범하지만 색색의 등불이 켜진 저녁, 투본강을 바라보며 식사를 하기엔 이곳만 한 곳이 없다.

🅣 알아두면 유용한 꿀팁
직원들이 친절한 편은 아니다. 식사 시간이 되면 2층 야외석을 모두 예약석으로 표시해 두고 식사를 하는 손님이 요청해야만 예약석 푯말을 슬그머니 치우고 자리를 내어주니 꼭 이야기하자.

Address	107-109 Nguyễn Thái Học
Tel	0235-3911-227
Open	08:00~23:00
Access	안 호이 다리에서 도보 1분
GPS	15.876491, 108.327506
Web	www.msvy-tastevietnam.com/cargo-club
Cost	đđ

에어컨, 와이파이, 맛있는 음식 모두 모여라!

딩고 델리
Dingo Deli

MUST EAT 구시가지 밖으로 옮겼지만 여전히 호이안에서 가장 핫한 카페로 호주인 사장이 운영하는 곳이다. 호이안 서양 음식점 중 최고로 손꼽히는 이곳은 샌드위치, 버거, 피자, 파스타, 주스 등 다양한 메뉴가 있고 사이드로 싱싱한 샐러드를 곁들일 수 있다. 주문은 테이블에 놓인 메뉴 종이에 먹고 싶은 것을 체크하면 되는데, 전체적으로 한국인의 입맛에는 조금 짜게 느껴질 수 있으니 짠 음식을 싫어한다면 소금을 조금만 넣어 달라고 미리 말하는 것이 좋다. 또한, 레스토랑 옆에서 다양한 종류의 소시지, 치즈, 와인, 베이커리 류와 메이플 시럽 등 다양한 소스도 판매하고 있다. 10만 동 이상 주문 시 무료로 배달해 주며 홈페이지를 통해 주문할 수 있다. 레스토랑 뒷마당에 커다란 트램펄린과 키즈 클럽이 있어서 아이들이 더 좋아하는 곳이다.

Address	277 Cửa Đại Cẩm Châu
Tel	0120-600-9300
Open	07:30~21:30(배달 11:00~21:00)
Access	구시가지에서 차로 10분
GPS	15.883843, 108.348127
Web	www.dingodelihoian.com
Cost	đđ

이국주의 〈원나잇 푸드트립〉에 나온 그곳
발레 웰
Bale Well

MUST EAT 밀려드는 손님에 가게 한쪽에서는 작고 시꺼먼 프라이팬을 놀릴 틈이 없다. 다낭의 인기가 높아지며 외국인의 입맛에 맞게 변형된 반 쎄오 레스토랑이 많은데 이곳은 현지 본연의 맛을 가장 잘 유지한 곳이다. 반 쎄오는 세트 메뉴 외에는 주문할 수 없지만 함께 나오는 고기 꼬치 넴 루이와 스프링롤, 넴도 맛이 좋아 가격 대비 만족도가 높은 편이다. 반 쎄오가 나오면 주인이 직접 와서 쌈을 싸는 시범을 보여 준다. 매콤한 소스와 달콤한 소스가 함께 나오니 기호에 맞게 찍어 먹자. 식후에는 망고 푸딩이 무료로 제공된다.

1949년에 지은 고가에서 만찬을
미스 리 카페 22
Miss Ly Cafe 22

1949년에 지어진 이 집에서 나고 자란 베트남 여성이 1993년부터 운영해 온 곳으로 맛집, 맞다. 베트남 전통 음식을 판매하며 음식에 사용하는 채소는 여동생이 직접 농장에서 재배하여 굉장히 신선하다. 인기 메뉴로는 그린 파파야와 치킨, 채소를 넣은 고이 가^{Gỏi gà}와 호이안 전통 음식인 환탄이 있는데 이곳의 환탄은 다른 곳보다 소스를 많이 얹어서 바삭함이 금방 사라지니 재빨리 먹는 것이 좋다. 인기가 많은 곳인 만큼 식사 시간에는 항상 줄을 서서 기다려야 한다는 것을 잊지 말자.

Address	45/51 Trần Hưng Đạo, Phường Minh An
Tel	090-843-3121
Open	10:00~22:00
Access	내원교에서 도보 7분
GPS	15.878788, 108.329935
Cost	*đđ*

Address	22 Nguyen Hue St.
Tel	0235-3861-603
Open	11:00~21:00
Access	관우 사원에서 도보 1분
GPS	15.8777, 108.33121
Cost	*đđ*

현지인도 줄 서서 먹는 껌 가 맛집!

껌 가 바 부오이

Cơm Gà Bà Buôi

MUST EAT 식사 시간대에 찾는다면 웨이팅은 기본, 합석은 필수다. 자리에 앉으면 메뉴를 볼 새도 없이(사실 메뉴판이 있는지도 의문이다) 손가락을 들어 몇 개 주문할 것인지 물어본다. 메뉴는 가게 이름 그대로 껌 가. 강황을 넣어 노란색을 띠는 밥에 잘게 찢은 닭고기와 민트, 생양파를 얹고 반찬으로 나오는 파파야 샐러드를 부어 비벼 먹으면 된다. 함께 나오는 국물은 닭 육수이고 앞에 놓인 간장 종지는 테이블에 있는 소스를 덜어 먹는 용도인데 소스는 고추장과 비슷한 맛을 내는 칠리소스와 간장, 후추가 있고 함께 나오는 라임을 뿌려 먹으면 더욱 맛있다. 사람이 너무 많고 시끄러워서 혼이 쏙 빠질 지경이지만 한번 맛보면 사람들이 왜 몰리는지 실감할 수 있다.

Address	22 Phan Châu Trinh, Minh An
Tel	0905-767-999
Open	10:00~21:00
Access	복건 회관에서 도보 2분
GPS	15.87854, 108.33034
Cost	đ

이 집만은 놓치지 말자!

하이 누들스

Hai Noodles

MUST EAT 최고의 미꽝, 까오 러우를 맛보고 싶다면 이 집을 놓치면 안 된다. 몰래 아껴두었다가 좋아하는 사람이 놀러 오면 쓱 데려가서 배불리 먹여 주고 싶은 곳으로 좁은 골목에 있어 눈여겨보지 않으면 식당이 있는 줄도 모르고 지나칠 수도 있다. 돼지고기 두 점에 새우 한 마리, 메추라기 알 한 개 든 노란 국수가 뭐 그리 맛있을까 싶지만 채소를 듬뿍 넣고 비빈 후 한 입씩 먹다 보면 눈 깜짝할 사이 미꽝 한 그릇이 사라져 버린다. 쫄깃한 국수에 담백한 맛을 내는 까오 러우도 최고!

Address	6A, Trương Minh Lượng
Tel	0235-3914-406
Open	11:00~22:00
Access	복건 회관에서 도보 6분
GPS	15.87732, 108.3343
Cost	đ

유적지야, 레스토랑이야?

하이 카페
Hai Cafe

세월을 고스란히 간직한 외관에 '유적지 아닌가?' 여행자들을 고민에 빠지게 하지만, 입구에 들어서면 모던한 인테리어와 숯불 위 지글지글 익어가는 바비큐 냄새가 발길을 돌릴 수 없게 만든다. 비슷한 재료가 적힌 수많은 메뉴에 결정이 어렵다면 여러 가지 바비큐가 함께 나오는 모둠 세트를 주문해 보자. 정원으로 둘러싸인 곳이라 모기가 자주 출몰하니 대비하는 것이 좋다. 뒷골목에도 같은 이름을 가진 레스토랑이 있는데, 두 곳은 앞뒤로 연결된 같은 레스토랑이다.

Address	111 Trần Phú, Phường Minh An
Tel	0235-3863-210
Open	07:00~22:30
Access	내원교에서 도보 2분
GPS	15.877019, 108.327842
Cost	đđ

스타 셰프가 운영하는

모닝 글로리
Morning Glory

구시가지에서 유독 한국인 여행자가 모여드는 식당이 보인다면 여기다. 음식은 대체로 깔끔한 플레이팅에 맛도 무난한 편으로 가장 인기가 많은 메뉴는 화이트로즈와 까오 러우이다. 이곳을 운영하는 사람은 호주에서 책을 낸 스타 셰프로 카고 클럽, 메종 비 호텔과 함께 운영 중이다. 식당 입구에는 이곳에서 진행하는 쿠킹 클래스에 관한 카탈로그가 비치되어 있다.

Tip 알아두면 유용한 꿀팁
2층에는 구시가지에서 아주 귀한 에어컨이 나오는 좌석이 있는데 예약이 불가하니 이곳에 앉고 싶다면 식사 시간대는 피하는 것이 좋다.

Address	106 Nguyễn Thái Học, Phường Minh An
Tel	0235-2241-555
Open	12:00~22:00
Access	떤끼 고가 맞은편
GPS	15.876636, 108.327624
Web	www.msvy-tastevietnam.com/morning-glory
Cost	đđ

에어컨 있는 레스토랑
홈 호이안
Home Hoi An Restaurant

한여름에 호이안을 여행하는 사람이라면 누구나 간절한 시원한 에어컨이 있는 곳으로, 메뉴에 사진이 있어서 주문하기 편리하다. 추천 메뉴로는 이곳에서만 맛볼 수 있는 생선 반 쎄오와 두 가지 소스로 양념한 굴 요리가 있고 요리를 주문하면 밥은 무료로 제공된다. 다른 곳보다 가격대가 있는 편이지만 정갈한 음식을 보면 수긍할 만하다.

Address	112 Nguyễn Thái Học
Tel	0235-3926-668
Open	13:00~23:00
Access	떤끼 고가에서 도보 1분
GPS	15.876554, 108.327306
Cost	đđ

100년 전통을 자랑하는
쭝 박
Trung B c Restaurant

구시가지 내에서 관광객이 적은 곳을 찾고 있다면 가장 먼저 눈여겨보아야 할 레스토랑이다. 내부는 소박하지만 100년이라는 긴 세월 동안 같은 자리를 지켜온 역사적인 곳이다. 이곳에서 꼭 먹어야 할 메뉴는 본연의 맛을 잘 유지한 까오 러우인데 다른 곳과 비교해 양이 좀 적은 편이니 다양한 메뉴를 함께 주문하는 것이 좋다.

Address	87 Trần Phú, Phường Minh An
Tel	0235-386-4622
Open	09:00~21:00
Access	내원교에서 도보 4분
GPS	15.877064, 108.328886
Cost	đđ

푸짐한 식사를 즐기고 싶다면

믹스 레스토랑
MIX Restaurant Hoi An

내원교 바로 옆에 위치한 믹스 레스토랑은 2인분 같은 1인분을 내놓는 인심으로 서양인 여행자의 큰 사랑을 받고 있는 그리스 레스토랑이다. 큼지막한 페타 치즈를 얹은 그리스식 샐러드, 그리고 4가지 소스와 함께 제공되는 고기, 채소, 해산물 세트 메뉴가 인기몰이 중이고 간단히 먹기 좋은 수블라끼도 괜찮은 편이다. 한국어 메뉴가 있어서 주문하기 편하나 음식이 꽤 짠 편이니 소금을 적게 넣어달라고 미리 말하는 것이 좋다. 레스토랑 내 모든 좌석이 흡연석이라 간혹 담배 연기가 심할 때도 있다.

Address	188, 05 Trần Phú
Tel	093-187-53-07
Open	11:00~22:00
Access	내원교에서 도보 1분
GPS	15.877698, 108.326227
Cost	đ

구시가지의 숨은 맛집
비포 앤 나우
Before and Now

구시가지에서 몇 안 되는 맛집으로 베트남 음식과 이탈리아 음식을 파는데 대부분의 음식이 찰기 있는 밥Steamed Rice과 함께 제공되어 한국인의 입맛에 잘 맞는다. 인기 메뉴는 마늘과 양파를 넣고 볶은 새우Tom Xao Toi와 탕수육과 비슷한 맛을 내는 헤오 싸오 쭈아 응옷Heo Xao Chua Ngot이다. 대부분의 메뉴가 조금 짠 편이며 고수가 들어가는 경우도 있으니 자신의 기호를 미리 전달하는 것이 좋다. 투본강이 내려다보이는 2층에는 당구대가 있고 위에서 바라보는 뷰도 괜찮은 편이다.

Address	51 Lê Lợi, Minh An
Tel	0235-3910-599
Open	09:00~24:00
Access	지엡 동 응우옌에서 도보 1분
GPS	15.87686, 108.3287
Web	www.beforeandnow.net
Cost	đđ

호이안 3대 반 미 맛집

반 미 프엉
Bánh mì Phượng

MUST EAT 호이안에서 이곳을 모르면 간첩! 현지인과 여행자 모두에게 사랑받는 반 미 가게로 다양한 재료를 넣은 반 미를 판매한다. 벽에 붙어 있는 메뉴를 보고 번호를 이야기하면 되는데, 재료를 넣으며 고수를 넣을 것인지 물어보니 취향에 맞게 대답하자. 피자나 까오 러우 등 다른 메뉴도 있지만 반 미에 비해 맛이 떨어지는 편이다. 호이안에는 3대 반 미 집이 있는데 그중 접근성이 가장 좋은 곳이 반 미 프엉이다.

Address	2B Phan Châu Trinh
Tel	090-574-3773
Open	06:30~21:30
Access	내원교에서 도보 10분
GPS	15.87848, 108.332
Cost	đ

반 미의 여왕이라 불러주세요
마담 칸 반 미 퀸
Madam Khanh-Banh Mi Queen

허름한 가게 앞은 식사 시간대가 아니더라도 언제나 손님으로 붐빈다. 여행자뿐만 아니라 현지인들에게도 인기 있는 곳으로 2만 동(1,000원)이면 맛있는 반 미로 한 끼 식사가 가능하다. 외국인 손님이 주문하면 고수를 넣을 것인지 물어보는데 고수를 좋아하지 않는다면 빼달라고 하는 것이 좋다. 이곳에서 파는 옥수수 우유도 별미! 안에 있는 테이블에서 먹거나 포장해서 가져갈 수 있다.

맵고 짠 반 미를 원한다면
피 반 미
Phi banh mi

3대 반 미 맛집 중 하나로 이곳만의 매콤한 특제 소스가 한국인 입맛에 잘 맞는 편이나 맵고 짠 맛이 강해 호불호가 갈린다. 아주 매운 맛과 덜 매운 맛 중 선택할 수 있고 모든 메뉴에 5,000동을 더하면 아보카도를 추가할 수 있다. 가격은 세곳 중 피 반 미가 제일 저렴하고 이곳에서 음료와 함께 먹거나 포장해서 가져갈 수 있다.

Address	115 Trần Cao Vân, Sơn Phong
Tel	0122-747-6177
Open	07:00~19:00
Access	내원교에서 도보 8분
GPS	15.880551, 108.327928
Cost	đ

Address	Cẩm Phô tp
Tel	090-575-5283
Open	08:00~22:00
Access	쩐 사당에서 도보 7분
GPS	15.881848, 108.326908
Cost	đ

HOI AN

2

BÃI BIỂN AN BÀNG
BÃI BIỂN CỬA ĐẠI

안방 해변 · 끄어다이 해변

Hoi An
Spot ❶

바다를 즐기고 싶다면 이곳으로!

안 방 해변 Bãi biển An Bàng

MUST SEE 다낭과 호이안을 통틀어 가장 늘어지기 좋은 곳으로 서양인 장기 여행자들이 주로 머무는 곳이다. 해안가를 따라 레스토랑과 바가 조성되어 있는데, 가장 번화한 곳은 안 방 1, 저렴한 숙소와 약간의 레스토랑이 있는 곳을 안 방 2(히든 해변)로 나누어 부른다. 대개 음료와 식사를 하면 무료로 선베드를 이용할 수 있다. 해변 근처 호텔에 묵는다면 호텔에서 운영하는 프라이빗 구역이 있을 수 있으니 미리 문의하는 것이 좋다. 호이안 구시가지에서 차로 약 15분 거리에 있다.

Address	Bãi Biển An Bàng
Access	호이안 구시가지에서 차로 15분 소요
GPS	15.91379, 108.34079

안 방 해변 레스토랑

안 방 해변에는 선베드를 이용할 수 있는 레스토랑이 많은데, 바다를 바라보고 왼쪽으로 갈수록 가격대가 높아지며 세련된 느낌이 강해진다. 하지만 가격대가 높은 레스토랑에 사람이 더 많이 몰려 오히려 오른쪽 레스토랑들이 한적한 분위기에서 수영을 즐길 수 있다. 메뉴는 대부분 바비큐와 서양식, 베트남식으로 비슷한 편이다. 특히 왼쪽 끝에 있는 소울 키친Soul Kitchen과 오른쪽 끝에 있는 라 쁠라주La Plage가 인기다. 야외 샤워장은 해변에서 걸어 나오면 보이는 관리사무소 왼쪽에 있다.

Hoi An
Spot ❷

일몰이 아름다운
끄어다이 해변 Bãi biển Cửa Đại

리조트 단지가 조성되며 일반 여행자는 많이 찾지 않는 곳이 되었다. 리조트에서 관리하는 곳 외에는 모래 유실이 심해서 수영을 하기 어려워지고 있지만 여전히 아름다운 일몰을 자랑하며 다양한 액티비티를 즐길 수 있다. 참섬에 개별적으로 가고 싶다면 끄어다이 해변에 있는 항구를 이용하면 된다. 호이안 구시가지에서 차로 약 10분 소요된다.

Address	Bãi Biển Cửa Đại
Access	호이안 구시가지에서 차로 10분 소요
GPS	15.901809, 108.360038

Hoi An
Spot ❸

지도에도 나오지 않는
히든 해변 Hidden Beach

현지인들이 즐겨 찾는 한적한 비밀 스폿! 일명 안 방 2로 불리는 히든 해변은 다른 해변의 시끌벅적함에서 벗어나 한가로운 시간을 즐길 수 있다. 레스토랑과 숙소에서 운영하는 선베드를 이용하는 방식은 안 방 1과 동일하다. 특히 바로 옆 페이지에 소개한 사운드 오브 사일런스 앞 해변은 치안과 쾌적함에 있어 훌륭한 수준이기에 추천한다.

Address	An Bàng Beach
Access	끄어다이 해변에서 차로 5분
GPS	15.909274, 108.348158

파도 소리 들으며 커피 한 잔
사운드 오브 사일런스
Sound of Silence

MUST EAT 숙소와 함께 운영되는 카페 겸 레스토랑이다. 카페 이름처럼 고요한 곳이라 선베드에 누워 휴식을 취하는 여행자가 많다. 시끌벅적한 호이안 구시가지에서 벗어나고 싶다면 이곳에 와서 커피 한 잔 마시며 여유로움을 느껴보자. 바다 바로 앞에 위치한 테이블에 앉아서 파도 소리를 들으면 이런 게 진정한 휴식이구나 싶다. 음료와 음식의 맛도 괜찮은 편으로 베트남 커피뿐 아니라 아메리카노, 카페라떼, 주스 등 다양한 음료와 햄버거, 과일 샐러드를 판매한다.

Address	Nguyễn Phan Vinh, Cẩm An
Tel	0235-3861-101
Open	07:30~16:30
Access	히든 해변에서 도보 1분
GPS	15.90873, 108.34731
Cost	đđ

그리스 정통 수블라끼를 파는
그릭 수블라끼
Greek Souvlaki

젊은 베트남 커플이 운영하는 곳으로 항상 웃는 얼굴과 큰 목소리로 환영하는 모습에 기분이 좋아지는 곳이다. 그리스 전통 소스인 짜지끼Tzatziki에 감자튀김, 고기, 토마토, 생양파를 곁들인 수블라끼와 페타 치즈를 넣은 그릭 샐러드, 병아리콩을 갈아서 만든 이스라엘 음식 후무스, 피타 브레드와 피자 및 간단한 디저트를 판매한다. 메인 메뉴인 수블라끼는 한국인의 입맛에도 잘 맞는 편으로 꽤 괜찮은 맛을 낸다. 식후에 간단한 무료 디저트를 제공한다.

TIP 알아두면 유용한 꿀팁
레스토랑 내에 가격은 비싸지만 다양한 생필품을 판매하는 블루 마트Bluu Mart(09:00~22:00)가 있다.

Address	Lạc Long Quân, Cẩm An
Tel	090-591-4102
Open	08:30~21:00
Access	안 방 해변에서 도보 3분
GPS	15.911889, 108.339864
Cost	đ

대부분의 음식이 무난한
골든 로투스
Golden Lotus

꼬어다이 해변 근처에 위치한 곳으로 저렴한 덕에 리조트 손님들이 즐겨 찾는 곳이다. 호이안 전통 음식을 비롯한 베트남 음식과 다양한 해산물 요리를 맛볼 수 있으며 환탄을 비롯해 대부분 맛이 괜찮은 편이다. 근처 리조트 내 레스토랑보다 저렴한 가격에 즐길 수 있으나 구시가지에 묵는다면 일부러 찾아올 필요는 없다.

Address	65, Lạc Long Quân, Cẩm An
Tel	093-543-8748
Open	10:00~22:00
Access	꼬어다이 해변에서 도보 6분
GPS	15.89947, 108.3583
Web	www.goldenlotuscookingschool.com
Cost	đđ

아이가 많아 시끌시끌한
럭키 레스토랑
Lucky Restaurant

히든 해변에 위치한 작은 레스토랑으로 직접 잡은 해산물로 조리하여 다른 곳보다 신선하면서도 저렴하다. 해산물 요리와 스프링롤, 국수 등의 메뉴가 있는데 간단히 먹고 싶다면 해산물 볶음밥이나 레몬그라스와 고추를 넣고 얼큰하게 끓인 조개탕에 흰 밥을 추가해서 맛보자. 해산물은 기호에 맞게 조리법을 선택하여 요청하면 된다. 음식이 나오는데 시간이 좀 걸리는 편. 분위기는 조금 부산스러운 편이지만 친절하다.

Address	Lạc Long Quân, Cẩm An
Tel	0121-354-7853
Open	08:00~22:00
Access	히든 해변에서 도보 1분
GPS	15.90825, 108.34829
Cost	đđ

174

한국 음식이 그립다면
씨케이 레스토랑
CK Restaurant

한국인이 운영하는 곳으로 한식과 베트남식을 한 데서 맛볼 수 있는 뷔페식 레스토랑이다. 비빔밥 재료와 제육볶음, 조개탕, 된장국, 호박죽 등 여러 한국 음식과 분 짜, 까오 러우, 샐러드도 준비되어 있다. 식사 시간대에는 패키지 팀이 끊이지 않고 들어오지만 식당 규모가 큰 편이고 직원들이 음식이 떨어지는 것을 계속 확인하여 불편 없이 식사할 수 있다. 특히 제육볶음과 조개탕이 맛있는 편이고 구글에 나온 위치가 실제 주소와 다르니 책에 나온 주소로 찾아가는 것이 좋다.

Address	89 cua dai st., cam chau ward
Tel	090-576-6106
Open	11:00~20:00
Access	끄어다이 해변에서 차로 5분
GPS	15.89546, 108.36345
Cost	đđ

식사보다는 음료를 추천!
안 기아 코티지
An Gia Cottage

오랜 기간 공들여 꾸민 아기자기한 인테리어로 서양인 여행자들의 몰표를 받는 곳이다. 낮에는 한가한 편이고 해가 진 후 술과 음악을 즐기러 오는 사람들이 많다. 주류뿐 아니라 여러 가지 음식도 판매하는데 재료의 신선도가 떨어져 그다지 맛있는 편은 아니라 추천하지 않는다. 음식보단 음료와 분위기를 즐기기 원하는 여행자에게 제격! 식물에 둘러싸여 있어서 날벌레와 모기가 많은 편이고 커다란 개 두 마리가 식당을 자유롭게 돌아다니니 개를 무서워하는 여행자나 아이와 함께 여행하는 사람은 근처에 위치한 골든 로투스를 찾는 것이 낫다.

Address	93 Lạc Long Quân
Tel	098-905-1400
Open	월~토 11:00~22:00, 일 17:00~22:00
Access	끄어다이 해변에서 도보 5분
GPS	15.899900, 108.357504
Cost	đđ

참파 왕국의 성지
미 썬 Mỹ Sơn

MUST SEE 아름다운 산이라는 뜻의 미 썬. 3세기부터 시작된 공사는 4세기 후반, 참파 왕국의 바드라바르만Bhadravarman이 왕위에 오르며 종교적 중심지가 되었다. 그는 자신의 이름과 시바신을 결합한 바드레스와라Bhadresvara라는 이름의 링가를 안치하였고, 이후 13세기까지 후대 왕들도 각자의 사원을 미 썬에 건립, 보존하였다. 인도차이나반도에서 가장 오래된 유적군이지만 처음 알려진 것은 1885년. 이후 베트남 전쟁 당시의 폭격으로 대부분이 파괴되어 현재까지도 복원이 진행되고 있다. 본래 벽돌을 끼워 맞추는 방식으로 건축되었는데, 복원한 부분에는 접착제를 사용하여 예전보다 견고하지 않고 부식까지 진행되고 있다. 미 썬은 종교적, 학술적 가치를 인정받아 1999년에 유네스코 세계문화유산에 등재되었다.

Address	Duy Phú, Duy Xuyên, Quảng Nam
Tel	0510-731-757
Open	06:30~17:00
Access	호이안에서 차로 1시간 소요
GPS	15.79072, 108.10787
Admission	150,000동

대부분 일출에 맞춰 진행되는 선라이즈 투어와 아침 9시 전후에 시작하는 투어를 참여한다. 규모가 작은 투어는 픽업이나, 모일 때까지 기다리는 시간이 적지만 가격이 조금 더 비싸고 큰 투어는 기다리는 시간이 길고 준성수기 시 평균 30명이 함께 다녀 설명이 잘 들리지 않지만 저렴하다는 장점이 있다.

전통 공연
무료 공연이지만 알찬 편이니 시간이 맞다면 관람해 보자. 우물물을 긷는 여인, 전통 악기 공연 그리고 압사라의 춤으로 이루어져 있다.
공연 시간 화~일 09:30, 10:30, 14:30

A그룹
9세기 초에 지어진 곳으로 원래 29m 사원을 비롯해 13개로 이루어진 사원이었는데 모두 무너졌다. 이곳에서 오른쪽에 보이는 산은 힌두교에서 신성하게 여기는 카일라스 산을 상징하고 투본강은 강가(갠지스강)를 상징한다.

B, C, D그룹
보존 상태가 가장 좋은 곳으로 얼굴 부분이 대부분 부서져 있는데 이유는 밝혀지지 않았다(특별히 상태가 괜찮은 것은 다낭에 있는 참 박물관에 전시되어 있다). 춤추는 시바 상을 비롯한 다양한 유물이 전시되어 있으니 사원마다 입장이 가능한 곳은 들어가 보자.

G그룹
사원 내부에는 시바 신을 나타내는 링가와 산스크리트 비석이 보존되어 있다. 사원 벽면에는 우리나라의 도깨비 상과 비슷한 끼르띠무카Kirtimukha가 있는데, 그는 시바의 분노로 말미암아 탄생한 신이다. 남에게 잡아 먹힐 것이 두려웠던 끼르띠무카는 다가오는 자들을 닥치는 대로 먹어 치웠는데, 그 공포로 자신의 몸마저 먹어 버렸다. 이를 지켜본 시바는 스스로를 숭배하지 않는 자는 나의 은총을 받을 수 없다며 자신의 신전 앞에 그의 얼굴을 올려두고 끼르띠무카, 즉 영광의 얼굴이라 이름 지었다.

F그룹
유적 위에 있는 양철 지붕이 없다면 공사장의 흙더미로 생각될 만큼 훼손이 심각한 곳이다. 바로 옆에 커다란 구덩이가 두 개 있는데, 이는 미국 전쟁 시 폭탄이 떨어진 흔적이다.

다낭 여행을 한다면 한번쯤 생각해 볼 문제, 하미 마을

호이안에서 불과 12km밖에 떨어지지 않은 퐁니, 퐁넛, 하미 마을. 여느 마을과 크게 다르지 않은 한적한 이곳은 1968년 2월 12일 베트남 전쟁에 파견된 한국의 청룡 부대에 의해 민간인 학살당한 곳이다. 그날 그곳에서는 한 살도 되지 않은 아이가 넷이나 죽임을 당했고 여자와 어린이, 무장을 하지 않은 농부들까지 모두 74명이라는 엄청난 민간인 학살이 있었다. 처음에는 이 일을 베트콩이 한국 군인으로 변장하고 저지른 일이라 해명했지만, 결국 청룡 부대의 소행으로 밝혀졌고 시민 단체의 기부로 추모비를 세웠다. 작년에는 베트남전 한국군 민간인 학살 피해자들을 초청하는 행사를 계획했지만 고엽제 전우회원들이 조계사 앞에서 집회를 열고 행사를 열지 못하도록 시위를 했다. 그들은 행사를 여는 것은 월남전 참전 용사들을 모욕하는 것이라고 주장했다. 즐거운 마음으로 아름다운 것만 보고 가는 것도 좋지만 우리가 저지른 그 일에 대해 인지하고 관심을 가져보는 것은 어떨까? 마음이 동한다면 추모비를 찾아서 향을 올리고 고인의 명복을 빌어드리면 더 좋겠다. 하미 마을 위령비는 항상 닫혀 있어서 밖에서 향을 피울 수 있고 다른 곳은 들어갈 수 있다.

Address Unnamed Rd, Điện Dương
GPS 15.925116, 108.306283

welcome to
Hue

훼

Kinh Thánh · Imperial Tomb · Chien Thiên Mụ

Huế Travel Plan

작지만 화려했고 투박하지만 중후한 멋이 묻어나는 베트남의 옛 수도, 훼.
다낭 여행의 덤으로 여겨지는 곳이지만 얽히고설킨 역사는 알면 알수록 신비하고
베트남 맛의 고장으로 손꼽히는 훼의 궁중음식은 정갈하고 풍미가 가득하다.

여행자들이 즐겨 찾는 여행지 BEST 3

베트남 최초의 유네스코 세계문화유산
구시가지(시타델)

틱꽝득 스님이 수행했던 곳
티엔무 사원

베트남 사람들이 가장 싫어하는 왕
카이딘 황제릉

❶ **민망 왕릉**
　▼차로 10분
❷ **카이딘 황제릉**
　▼차로 15분
❸ **뜨득 황제릉**
　▼차로 20분
❹ **구시가지**
　▼차로 10분
❺ **티엔무 사원**
　▼도보 1분
❻ **보트 투어**
　▼30분 소요
❼ **쏭 흐엉 레스토랑(기착지)**

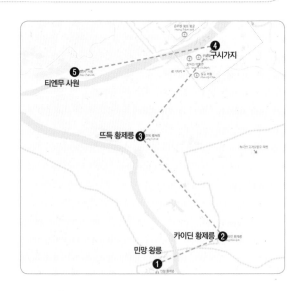

Tip 알아두면 유용한 꿀팁

1. 매번 택시를 타기 어려우니 차를 대절하거나 투어에 참가하는 것이 좋다.
2. 훼에서 이틀을 보낼 수 있다면 시타델과 티엔무 사원, 황제릉을 나누어 보면 더욱 여유롭다.

안 방 해변

훼 드나들기

다낭, 호이안에서 훼로 가기 위해서는 기차 혹은 투어 버스를
이용해야 한다.

기차

버스보다 느리고 시설이 낡아서 불편한 감이 있지만 해안선을
따라 달리는 기차 밖 풍경이 멋있다. 다낭을 경유해 호이안까지
이동하는 기차 노선은 하루에 7회로 표를 구하기 어렵지 않다.
매표소와 대합실은 같은 건물로 주전부리를 구입할 수 있는 매
점이 있고 전광판에 나오는 기차 번호를 보고 플랫폼을 찾아서
탑승하면 된다.

주요 기차 노선 운행 정보

다낭	1일 7회/2시간 30분~4시간
하노이	1일 6회/12~15시간 30분
호찌민	1일 5회/19시간 30분~23시간
닌빈	1일 5회/10~13시간

훼 기차역 Huế railway station
Address Cầu Ga
Tel 0234-3822-175
Access 짱띠엔교에서
도보 25분

오픈 투어 버스

여행사에서 운영하는 침대 버스로 가장 빠르고 편리해 여행자들
이 제일 많이 이용하는 교통수단이다. 여행사나 숙소에서 표를
구입할 수 있고 숙소로 무료 픽업을 오는 경우가 많으니 발권 시
미리 요청해 보자. 호찌민, 하노이 외 라오스로 가는 국제 버스도
탑승이 가능하다. 만다린 카페, 신 투어리스트, 한 카페가 가장
괜찮은 편이다.

항공

시내에서 15km 떨어진 곳에 공항이 있지만 다낭과 훼를 연결하
는 직항은 없고 베트남의 다른 지역으로 이동할 때만 이용할 수
있다. 공항에서 시내까지는 택시(30만 동) 혹은 셔틀버스(5만 동)
를 이용해 이동할 수 있다.

푸바이 공항 Phu Bai International Airport
Address Cầu Phú Bài
Tel 0234-3861-131
Web phubaiairport.vn

뭐 타고 다니지?

훼의 볼거리는 크게 구시가지, 여행자 거리,
티엔무 사원 그리고 황제릉으로 나눌 수 있
다. 구시가지와 여행자 거리는 도보로 이동이
가능하지만, 티엔무 사원과 황제릉으로 갈 때
는 택시를 이용해야 한다.

씨클로

훼의 씨클로 기사들은 바가지가 심한 편이다.
흥정에 자신이 없다면 걷거나 택시를 이용하
는 것이 낫다. 여행자 거리와 구시가지를 오갈
때 이용할 수 있다.

택시

날씨가 더울 때는 구시가지에서 여행자 거리
로 이동할 때도 택시를 이용하는 것이 현명하
다. 또한, 황제릉은 이동 시 매번 택시 등 차편
을 이용해야 하므로 정해진 시간 내 움직여야
하는 단점을 감수하고서라도 투어에 참여하
는 것이 효율적이다

드래곤 보트

흐엉강을 따라 유람할 수 있는 작은 배로 뱃
머리가 용으로 장식되어 있어서 드래곤 보트
라 불린다. 쏭 흐엉 레스토랑 앞이나 티엔무
사원 아래에서 탑승할 수 있고 이 구간을 이
용하는 것이 가장 효율적이다. 훼 투어 시 보
트를 타고 시내로 돌아오는 경우가 많다.

N

0 600m 1.2km

여행자 거리

응우옌 왕조 왕궁
Hoàng Thành Huế

꾸억혹
Quốc Học

호찌민 박물관
Bảo tàng Hồ Chí Minh

칠길 마을
Phan Bội Châu

티엔무 사원
Chien Thiên Mụ

훼 기차역 ●

뜨득 황제릉
❶ Lăng Tự Đức

하이반 고개&랑꼬 해변

카이딘 황제릉
❷ Lăng khải định

민망 황제릉
❸ Lăng minh mạng

훼 전도

벤 쑤언
Bến Xuân

샤이닝 서린 호텔
Shining Serene Hotel

리조또 레스토랑
Risotto Restaurant

항 메
Hàng Me

카페 므오이
Cà phê muối

한 레스토랑
Quán Hành

동바 시장
hợ Đông Ba

유람선 선착장

Hưng Vương

Đông Ba

짱띠엔교

Lê Lợi

케이 마트
K-Mart

웨 야시장
Hue Night Market

락 티엔 레스토랑
Lạc Thiên Restaurant

Nguyễn Huệ

꾸억혹
Quốc Học

호찌민 박물관
Bảo tàng Hồ Chí Minh

라 레지던스 훼
La Residence Hue Hotel & Spa

0   150m   300m

여행자 거리

HUE

1

KINH THÁNH

구시가지

끈탄^{Kinh Thành}으로 불리는 구시가지(시타델)는 1804년 자롱 황제가 시작해 1832년 민망 황제가 완성한 곳으로 높이 7m, 두께 20m, 둘레 10km의 어마어마한 규모를 자랑하는 성채에 둘러싸여 있다. 구시가지의 핵심인 훼 왕궁은 1993년, 베트남 최초로 유네스코 세계문화유산으로 지정된 곳으로 이곳에 들어가기 위해서는 해자를 건너 고성의 문을 통과해야 한다. 오전에는 흐엉강 건너편에 있는 황제릉에 들렀다가 오후에는 왕궁을 돌아보는 당일치기 투어를 이용하는 여행자가 많지만, 여유가 있다면 훼에 묵으며 하루는 도심 외곽에 있는 황제릉과 사찰을 돌아보고 둘째 날은 왕궁과 도심 지역을 돌아볼 것을 추천한다.

Address	Đinh Tiên Hoàng, Thuận Thành
GPS	16.478001, 107.577843

훼 왕궁 투어

훼 왕궁은 1802년부터 1945년까지 응우옌 왕조의 궁으로 사용되던 곳으로 전쟁으로 인해 대부분 파괴되었지만, 보존 작업이 활발하게 진행되고 있다.

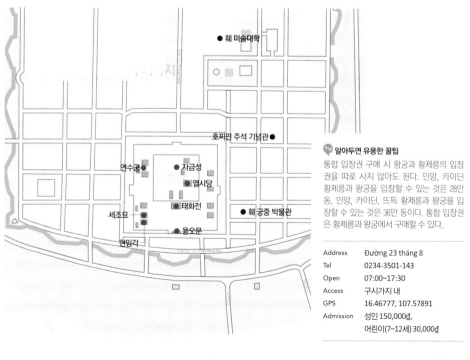

Tip 알아두면 유용한 꿀팁
통합 입장권 구매 시 왕궁과 황제릉의 입장권을 따로 사지 않아도 된다. 민망, 카이딘 황제릉과 왕궁을 입장할 수 있는 것은 28만 동, 민망, 카이딘, 뜨득 황제릉과 왕궁을 입장할 수 있는 것은 36만 동이다. 통합 입장권은 황제릉과 왕궁에서 구매할 수 있다.

Address	Đường 23 tháng 8
Tel	0234-3501-143
Open	07:00~17:30
Access	구시가지 내
GPS	16.46777, 107.57891
Admission	성인 150,000₫, 어린이(7~12세) 30,000₫

훼 왕궁

훼 왕궁은 응우옌 왕조의 왕궁Hoàng Thành Huế으로, 베이징의 자금성을 모방해 지어졌다. 200년 전 건축 당시에는 148채의 건물이 있었지만 프랑스와 미국에 의해 대부분이 파괴되어 현재는 20여 채의 건물만이 남아 있다. 한때 화려하게 치장하고 권위를 뽐냈으나 왕궁이지만, 지금은 왕의 권력을 상징하는 몇몇 장식과 2.5km에 달하는 성벽에서만 그 흔적을 찾아볼 수 있을 뿐이다. '자연은 어질지 않아 세상 만물을 강아지풀로 대한다'는 노자의 말대로 권력을 상징하던 장식도 시대가 변해 그저 하나의 볼거리가 되었다.

① 응오몬 Ngọ Môn
다섯 개의 출입구로 이루어진 왕궁의 정문으로 가운데 문은 오직 황제만 이용할 수 있었다. 황제의 문 옆에 위치한 두 개의 문은 관료들이 이용하던 곳으로 지금은 검표소로 이용되고 있다. 입구 위에는 노란 기와와 다섯 마리의 봉황이 새겨진 건물이 있는데, 주요 행사 시 황제가 이곳에 모습을 드러냈다. 다섯 개의 발가락을 가진 용은 황제, 봉황은 황제의 어머니를 상징한다.

1945년 응우옌 왕조의 마지막 황제인 바오 다이Bao Dai가 이곳에서 퇴위식을 거행했다.

② 깃발 탑
왕의 기사라는 이름으로 알려진 깃발 탑은 베트남 최고 높이인 37m의 깃대를 가지고 있다. 1809년 18m로 세워졌지만, 여러 차례 파괴와 복구를 거듭하다가 1949년 현재의 모습이 되었다. 밤에는 조명을 켜서 불을 밝히는데 이 모습이 특히 아름답기로 유명하며, 깃발 탑과 왕궁 사이에 있는 넓은 잔디밭 광장은 시민들의 휴식 공간으로 사랑받고 있다.

③ 대포
입구에 들어서면 보이는 오른쪽 4개의 대포는 사계절을 의미한다. 그리고 깃발 탑 옆에 있는 다섯 개의 대포는 오행(나무, 흙, 불, 바람, 금)을 의미하는데, 모두 합하면 베트남에서 신성하게 여기는 숫자인 9가 된다.

④ 태화전 Điện Thái Hòa

붉은 벽체에 황제를 상징하는 노란 기와를 얹은 태화전은 과거 궁중 행사를 거행하거나 대신을 접견하던 곳으로, 현재 베트남의 국명인 비엣남이라는 이름을 지은 역사적인 공간이기도 하다. 1805년에 완공되었지만 수차례 전쟁을 거치며 심하게 파손되어 1900년대에 수차례 보수 과정을 거쳐 지금의 모습으로 재건되었다. 붉게 칠한 80개의 목조 기둥과 벽을 장식하는 금빛 무늬가 화려함을 더하는데, 80개의 목조 기둥 중 옛것 그대로인 것은 단 하나로, 딱 봐도 세월이 느껴져 쉽게 찾을 수 있다. 실제로 황제가 사용했다는 통나무로 만들어진 대좌와 중국 자금성의 용기둥을 연상케 하는 화려한 돌기둥 또한 볼 만하니 잊지 말고 찾아보도록 하자. 태화전에는 왕궁의 모습을 설명하는 영상이 있는데 이는 한국의 카이스트 대학의 기술팀이 기증한 것으로 왕궁을 돌아보기 전 시청하면 좋다.

⑤ 뜨껌탄(자금성) Tử Cấm Thành

뜨껌딴은 자금성을 베트남식으로 발음한 것으로 태화전을 지나면 만날 수 있는 황제의 생활 공간이었다. 황제의 집무실과 황제와 왕비의 침실이 있었지만 미군에 의해 대부분 파괴되어 터만 남아 있고 현재 복원 작업을 진행하고 있다.

⑥ 열시당 Duyệt Thị Đường

1826년 민망 황제가 만든 왕실 극장으로, 전쟁으로 폐허가 되었던 곳이 2004년 복원해 공연을 이어가고 있다. 베트남의 전통적인 공연인 투엉Tuong이나 궁중무용, 나냑Nha Nhac이라는 훼 지방의 궁중 음악을 연주한다. 내부에는 전통 악기를 비롯해 다양한 전시 되어 있다. 매일 2회(10:00~10:40, 15:00~15:40, 1인 20만 동) 공연을 여는데 인원이 너무 적으면 진행하지 않는다.
www.huedisan.com.vn

⑦ 세조묘 Thế Tổ Miếu

13명의 왕의 위패를 모신 곳으로 우리의 종묘와 같은 곳이다. 정중앙에 모신 신패는 응우옌 왕조의 창시자인 자롱 황제이고 양옆에 다른 왕의 위패가 놓여 있다. 도자기 조각으로 장식한 기단 앞면이 화려하다.

⑧ 현임각 Hiển Lâm Các

세조묘와 함께 응우옌 황제들을 기리는 곳으로 총 3층(17m)인데, 1층은 5칸, 2층은 3칸, 3층은 1칸으로 이루어져 있다. 왕조를 영예롭게 한 선조들에 대한 존경의 표시로 민망 황제는 이보다 더 높은 건물을 짓지 못하게 공표하여 훼 왕궁에서 가장 높다. 마당에서는 대형 일산과 제상이 있는데 지금도 의식을 진행하고 태묘재례악은 유네스코 무형문화유산으로 지정되어 있다.

⑨ 연수궁 Cung Diên Thọ

황제의 어머니가 거주하는 대비전으로 1803년 자롱 황제가 지었다. 태화전과 비슷한 양식에 규모만 조금 작은 연수궁은 황제의 생활 공간인 뜨껌탄의 바깥 영역에 자리 잡고 있지만 동쪽 문으로 이어지는 장랑을 통해 긴밀하게 드나들 수 있다. 연수란 이름의 뜻은 오래 살기를 기원한다는 것으로 왼쪽 2층 건물은 의료 시설이 있었다. 내부 동쪽에 있는 전시실에는 당시 사진이 전시되어 있다.

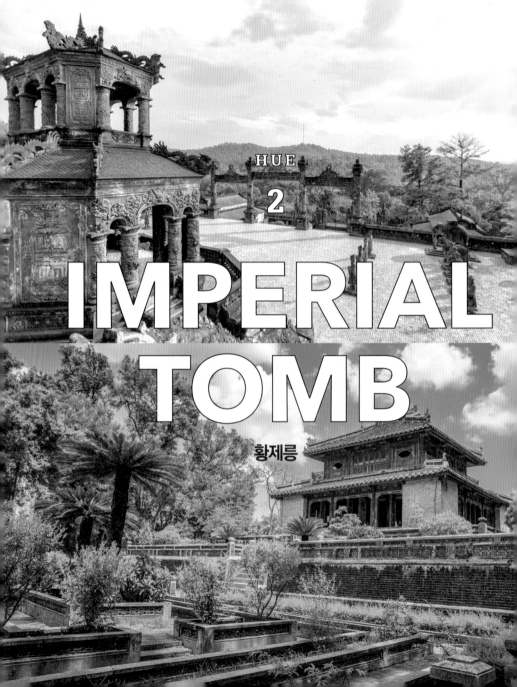

HUE

2

IMPERIAL
TOMB

황제릉

Hue
Spot ❶

왕의 자리에 오른 차남
뜨득 황제릉 Lăng Tự Đức

뜨득 황제는 응우옌 왕조의 4대 황제로, 1847년부터 1883년까지 36년간 재위했다. 왕조 역사상 가장 오랫동안 왕위에 있었지만, 기근에 시달리던 백성들의 반란, 왕실 내부 분란, 프랑스의 침략 등으로 끊임없이 어려움을 겪다가 프랑스에게 주권을 빼앗기고 불명예스럽게 승하했다.

그는 도덕적으로 문란했던 형을 대신해 왕좌에 올랐지만, 어린 시절 앓았던 천연두의 후유증으로 생식 능력이 없어 104명의 부인과 수많은 첩을 거느렸음에도 자손은 한 명도 없었다. 응우옌 왕조는 보통 후계자가 선대의 능을 만드는 것이 전통이었는데, 뜨득 황제는 후계자가 없었기에 생전에 자신의 능을 만들고 16년 동안 남은 생을 이곳에서 호화롭게 살았다. 사후에는 황제릉 내의 묘에 묻힐 예정이었지만 도굴을 우려해 실제로는 다른 곳에 묻혔으며, '진짜' 묘지 건설에 참여한 인부 200여 명은 모두 사형당했기에 위치는 알려져 있지 않다.

뜨득 황제릉을 둘러보다 보면 모든 건물 이름에 공통으로 겸손할 겸 謙(끼엠)자가 들어가 있는 것을 알 수 있다. 뜨득 황제릉 건축 당시 인부 3,000명을 동원한 데 불만을 느낀 백성들은 반란을 일으켰고, 이 사건 이후 뜨득 황제는 능 안의 모든 건물 이름에 겸손을 잃지 말라는 의미에서 끼엠을 넣었다고 한다.

Address	Thủy Xuân, Huế
Tel	030-331-6822
Open	07:00~17:30
Access	훼 시내에서 7km
GPS	16.433159, 107.565361
Admission	100,000đ

Hue Spot❷	베트남 사람들이 가장 싫어하는 왕

카이딘 황제릉 Lăng khải định

동카인 황제 승하 당시 아들 카이딘은 고작 4살이었기에 죽득 황제의 열 살짜리 아들 타인타이[Thanh Thai]와 그의 아들 주이떤[Duy Tan]이 차례로 황제가 되었다. 하지만 프랑스는 자신들의 식민 통치에 저항한 두 황제를 차례로 추방하고 카이딘을 왕좌에 앉혔다. 그렇게 왕위에 오른 카이딘 황제는 1916년 12대 황제로 즉위하여 1925년 40살의 젊은 나이에 승하하기까지 약 9년간 그저 프랑스 치하에서 살아남기 위해 온갖 비위를 맞춘 무능력한 왕이었다.

카이딘 황제릉은 1920년부터 무려 11년에 걸쳐 축조되었는데, 콘크리트로 지은 독특한 양식이 눈길을 끈다. 용 모양이 조각된 계단을 올라 입구인 삼관문을 지나면 또 계단이 나오고, 그 위로 패방과 무덤을 지키는 문무관과 말, 코끼리 상 조각이 황제릉을 찾은 손님들을 맞이한다. 뒤쪽에는 고딕식 첨탑과 팔각형 비각이 있는데, 비각 안에는 카이딘의 아들 바오다이가 세운 카이딘의 공적비가 있다. 한때 공덕비 뒤에는 자신의 무덤을 만들기 위해 국고를 탕진하고 세금 인상, 강제 노역을 동원한 황제를 욕하는 낙서가 가득했다고 한다. 공덕비 뒤편에는 터널이 있었는데 지금은 입구를 막아서 출입이 불가하다.

비각 옆 계단을 오르면 카이딘 황제릉의 하이라이트, 천정궁[Cung Thien Dinh]이 있다. 건물은 서양의 고딕 양식으로 지어졌지만 벽체나 기둥, 처마의 부조나 문양은 중국의 전통 방식을 따르고 있다. 3개의 홀로 나누어진 내부는 모자이크로 장식된 벽과 용과 구름을 묘사한 천장이 화려함을 더한다. 청동에 금박을 입힌 카이딘 황제의 좌상은 1920년 프랑스에서 제작된 것이며 카이딘 황제의 유해는 이곳 아래 깊은 지하에 안치되어 있다. 또한, 그가 사용했던 유물과 프랑스 옷차림을 한 동상도 전시되어 있다.

💬 알아두면 유용한 꿀팁

이곳에서 보이는 산은 비엣콩(베트콩)이 게릴라 작전을 펼친 곳이자 미군이 폭탄을 터뜨린 곳이기도 하다. 아직도 고엽제 후유증을 호소하는 사람이 많지만 2000년 11월, 클린턴 전 대통령이 이곳을 찾아서 사과하고 부비트랩을 제거하는 비용을 지급하여 이제는 안정을 되찾아가는 중이다.

Address	Khải Định, Thủy Bằng, Tp. Huế
Tel	0234-3865-830
Open	07:00~17:30
Access	훼 시내에서 10km
GPS	16.39904, 107.59036
Admission	100,000đ

40명의 아내와 78남 64녀, 총 142명의 자녀

민망 황제릉 Lăng minh mạng

응우옌 왕조의 2대 황제인 민망 황제의 무덤으로 황제릉 중 규모가 가장 큰 곳이다. 민망 황제릉은 그가 죽기 1년 전인 1841년에 공사가 시작되었으며 사후에 후계자가 이어받아 1843년에 완공했다. 정문인 다이홍몬Dai Hong Mon에는 세 개의 출입구가 있는데 중앙으로는 황제, 왼쪽은 문관, 오른쪽은 무관이 드나들었다. 민망 황제와 좌천인 황후의 위패를 모신 사당은 처마 장식과 용 조형물이 아름답기로 유명하다. 노란색은 왕의 건강, 붉은색은 행복, 파란색은 자연을 의미하며, 용을 아홉 마리 장식한 것은 숫자 9를 신성하게 여겼기 때문이다. 사당의 뒤쪽 문으로 나가면 작은 연못 위로 여름 별장으로 통하는 세 개의 다리가 있는데, 출입문과 같이 중앙 다리는 황제만 지날 수 있었고 좌우의 다리는 문관과 무관이 사용했다.

사원에서 나와서 패방을 지나면 용과 호랑이의 호위를 받는 다이아몬드 힐이 보이는데 높이 3m에 길이 285m의 성벽으로 둘러싸여 있고, 산 아래 터널에 왕의 보물과 함께 시신이 안치되어 있다. 터널에 들어가기 위해서는 굳게 닫힌 출입

문을 지나야 하는데, 여는 것은 자유일지 모르나 들어가는 순간 자동으로 닫힌 문은 안에서는 절대로 열 수 없다고 한다. 민망 황제릉은 위에서 바라보면 사람의 모습을 하고 있는데, 다이아몬드 힐은 머리, 초승달 모양의 강은 한쪽 팔은 부인을 다른 팔은 자식을 안고 있는 형태를 띠고 있으며, 입구쪽은 다리를 의미한다.

🔵 알아두면 유용한 꿀팁

다산왕으로 알려진 민망 황제는 40명의 아내와 78남 64녀, 총 142명의 자녀를 두었다. 생전에 그가 즐겨 마셨다는 보양 주인 민망탕Minh Mang Thang은 35도나 되는 독주로 훼 지역에서 판매하고 있다.

Address	Quốc lộ 49, Hương Thọ, Hương Trà
Tel	0234-3523-237
Open	07:00~17:30
Access	훼 시내에서 7km
GPS	16.38748, 107.57074
Admission	100,000đ

타지 않는 심장을 남긴 틱꽝득 스님이 수행하던 곳

티엔무 사원 Chien Thiên Mụ

1601년에 건립된 사원으로 '군주가 나라의 번영을 위해 이곳에 불교 사원을 지을 것이다'라는 티엔무 신Thien Mụ의 예언을 들은 응우옌 왕조의 선조 응우옌호앙이 건축한 것이다. 사원 입구에 서면 일주문 역할을 하는 네 개의 기둥과 티엔무 사원의 상징인 복연탑이 보이는데 이는 높이 21m의 팔각 7층 전탑으로 1844년 티에우찌 황제가 세운 것이다. 각 층마다 금동불상을 모셨는데 전쟁을 겪으며 모두 도난당했고 지금 있는 것은 새로 들여놓은 것으로 석가탄신일에만 개방한다. 불탑 양옆으로 거북 석상 위에 올려진 비석과 종각이 있는데 이 석상 위 비석은 1715년에 세운 것으로 티엔무 사원이 베트남 불교 선양에 공헌한 내용이 기록되어 있다. 이 거북 석상의 머리를 만지며 소원을 빌면 이루어진다는 소문이 있어서 머리를 만지는 사람들이 많다. 좌측 종각에 있는 베트남 국보 중 하나인 범종은 무게가 2t이나 되고 종소리가 십 리 밖에 있는 훼 시내까지 울린다.

티엔무 사원의 중앙에 위치한 법당 뒤편에는 1963년 6월 11일, 소신공양으로 베트남 전쟁의 실상을 세계에 알린 틱꽝득 스님의 하늘색 자동차와 분신하는 모습이 담긴 사진이 걸려 있다. 화염 속에서도 한 치의 일그러짐 없이 정좌 자세로 죽음에 이른 틱꽝득 스님의 소신공양은 전 세계에 큰 충격을 주었다. 사건 후, 스님의 유해는 소각로로 옮겨져 화장되었는데 심장은 타지 않고 그대로 남아 외신을 통해 알려지게 되었다. 그 모습을 사진으로 찍은 말콤 브라운은 퓰리처상을 받았다.

TIP 알아두면 유용한 꿀팁
연인이 이곳을 함께 찾으면 반드시 헤어진다는 속설이 있어서 베트남 사람들은 연인끼리 이곳을 찾지 않는다고 한다.

Address	Kim Long, Hương Long, Tp. Huế
Tel	097-275-1556
Open	08:00~17:00
Access	훼 시내에서 바로 30분
GPS	16.453154, 107.544825
Admission	무료

호 아저씨의 흔적을 찾아
호찌민 박물관 Bảo tàng Hồ Chí Minh

지금의 베트남을 만든, 베트남 사람들이 사랑하는 호 아저씨, 호찌민. 베트남 어디에서나 그의 동상과 초상화를 볼수 있고 매년 그의 생일이면 전국 곳곳에서 축제가 열린다. 1980년에 문을 연 훼의 호찌민 박물관은 규모는 그리 크지 않지만 호찌민의 가족사진을 비롯하여 그가 쓴 글, 외국에서 생활하던 모습과 베트남으로 돌아와서 활동을 하던 때의 모습, 지금의 베트남을 만드는 모습을 담은 사진이 전시되어 있다.

훼에는 호찌민 박물관 외에도 호찌민 생가와 호찌민이 졸업한 학교가 있는데 박물관에서 화요일부터 일요일까지 07:30~11:30에 이곳을 돌아보는 무료 투어를 진행한다.

Address	7 Lê Lợi, Vĩnh Ninh
Tel	0234-3845-217
Open	화~일 07:00~11:00, 14:00~16:30, 월 휴무
Access	짱띠엔교에서 도보 10분 소요
GPS	16.4595, 107.5812
Web	www.bthcm.thuathienhue.gov.vn
Admission	20,000đ

Address	12 Lê Lợi, Vĩnh Ninh, Tp. Huế
Tel	0234-3823-234
Open	수업 시간 외
Access	레 러이 거리 내
GPS	16.46004, 107.58335
Admission	무료

호찌민이 다닌 훼의 명문 고등학교
꾸억혹 Quốc Học

흐엉강을 따라 레 러이Lê Lợi 거리를 걷다 보면 훼가 자랑하는 명문 고등학교인 꾸억혹을 볼 수 있다. 1896년에 설립된 이곳은 베트남의 아버지인 호찌민, 통일 베트남의 수상인 팜 반동, 국방부 장관을 역임한 보응웬 지압 장군 등 유명 인사를 많이 배출한 곳이라 인기가 많아서 입학이 매우 어렵다고 한다. 초기에는 남학교였지만 지금은 남녀공학으로 전환되었고 배구장, 농구장, 수영장과 기숙사까지 갖추고 있어서 대학교를 방불케 한다. 본관 앞에 있는 동산은 호찌민 동상으로 개교 100주년을 기념하여 세워진 것이다. 학교 건물은 누구에게나 개방되어 있지만 실제 학교로 사용되는 곳이니 그에 맞는 관람 태도가 필요하다. 학교 건너편에 있는 조형물은 제1차 세계대전 때 프랑스군에 예속되어 독일전에 참전하였다가 사망한 베트남 군인들을 모신 위령비이다.

바다 구름 고개
하이반 고개 & 랑꼬 해변 Đèo Hải Vân & Lăng cô beach

다낭과 훼를 오갈 때 넘게 되는 구불구불한 고개로, 바다로 난 곳을 통과하기에 언제나 안개가 자욱하여 하이반(海雲)이란 이름을 갖게 되었다. 하이반 고개를 기점으로 기후의 경계가 형성되어 있으며, 베트남 역사에 있어 중요한 전략적 요지이기도 했다. 현재는 하이반 터널이 개통되어 이전보다 소요시간이 한 시간 정도 단축되었지만 여전히 기존의 길로 드라이빙을 즐기는 여행자들이 많다.

하이반 고개에서 바다 쪽을 내려다보면 반도처럼 생긴 해변을 볼 수 있는데 이곳이 바로 랑꼬 해변이다. 다낭에서 약 35km 떨어져 있는데 하이반 터널을 통과하면 다낭 시내에서 15분만에 도달할 수 있다. 예전에는 한센병 환자를 격리하던 곳이었으나 지금은 4개의 산에 둘러싸인 작은 어촌마을로서 베트남에서도 손꼽히는 풍광을 자랑한다.

| GPS | 하이반 고개 16.200018, 108.133321 |
| | 랑꼬 해변 16.263898, 108.065849 |

기찻길 옆에서 살아가는 사람들
철길 마을 Phan Bội Châu

기차역에서 도보 10분 거리에 위치한 마을로 쭉 뻗은 기찻길을 따라 마을이 형성되어 있다. 태국의 매끌렁이나 하노이의 기차 마을과 흡사하지만 관광화되지 않아서 이곳을 찾는 여행자는 거의 없다. 따라서 주민들이 사진에 민감할 수 있으니 인물 사진은 되도록 찍지 말거나 반드시 동의를 구하자. 쉴 새 없이 드나드는 기차 소음은 깜짝 놀랄 만큼 시끄럽지만 이곳에 사는 사람들은 전혀 개의치 않는 듯 등목을 하기도 하고, 저녁 찬거리를 준비하기도 한다.

| Address | Phan Bội Châu |
| GPS | 16.454157, 107.583140 |

훼에 왔다면 이곳은 놓치지 말자!

락 티엔 레스토랑
Lạc Thiên Restaurant

MUST EAT 식당이 있을 것 같지 않은 분위기의 거리를 걷다가 코너를 돌면 가게 앞까지 사람들로 꽉 차 있는 곳이 보이는데 바로 락 티엔 레스토랑이다. 다양한 메뉴가 있지 만 이 집에서 꼭 먹어야 할 음식은 노릇노릇 바삭한 튀김 속 에 새우와 돼지고기, 숙주가 든 반 코 아이. 반 쎄오와 비슷하 지만 라이스 페이퍼에 싸 먹지 않고 잘라서 채소와 함께 한 입씩 먹는다. 주문과 동시에 자그마한 프라이팬에서 지글지 글 구워서 바로 먹으니 맛이 없을 수가 없다. 양이 적은 편이 라 한 개로는 부족하지만, 한꺼번에 주문하면 바삭함이 사라 지니 한 개를 다 먹을 때쯤 다음 반 코 아이를 시키는 것이 좋 다. 과일주스Sinh tố를 시키면 바나나, 파인애플 등 여러 가지 과일을 혼합한 주스가 나온다.

Tip 찾아가기 꿀팁
짱띠엔교를 건너 동바 시장을 등지고
공원 옆으로 쭉 걷다가 길을 건너면 된다.

Address	6 Đinh Tiên Hoàng, Huế
Tel	0234-3527-348
Open	10:00~21:30
Access	짱띠엔교에서 도보 5분
GPS	16.468665, 107.585061
Cost	đđ

훼 전통음식의 모든 것!

한 레스토랑
Quán Hành

무난한 위생 상태와 서비스를 제공하는 곳으로 인기가 많다. 여행자들이 오래 머물지 않는 훼의 특성상 전통 음식을 모두 맛보기는 쉽지 않은데 훼 전통음식 세트가 있어서 여행자들 의 필수 코스가 되었다. 세트 메뉴에는 반 베오, 반 코 아이, 넴 루이, 반 꾸온 팃 느엉, 넴란이 포함되어 있고 훼 지방 맥 주인 후다 비아도 판매하고 있다. 식사 시간에 가면 자리가 없어서 기다려야 할 정도로 사람이 많으니 참고하자.

Address	11 Phó Đức Chính, Phú Hội
Tel	0234-3833-552
Open	09:00~21:00
Access	짱띠엔교에서 도보 8분
GPS	16.46627, 107.59501
Cost	đđ

소박한 집밥의 힘이 느껴지는
항 메
Hàng Me

가정집처럼 생긴 항 메는 훼에 간다면 절대 놓쳐서는 안 될 맛집으로 몇 개 되지 않는 단출한 메뉴를 가지고 있지만 훼의 전통 음식을 골고루 맛볼 수 있다. 반 베오, 반 록, 짜똠 등이 조금씩 함께 나오는 콤보 세트가 괜찮은 편이고 특히 반 베오가 맛있는 편이다. 콤보 세트는 기본이 2인으로 적혀 있지만 혼자 가면 2인 메뉴의 반값을 지불하고 1인분만 먹을 수 있다.

소금을 넣은 커피 맛은 어떨까?
카페 므오이
Cà phê muối

므오이는 베트남어로 소금. 카페 므오이는 말 그대로 소금을 넣은 커피를 뜻한다. 예전 같았으면 커피에 소금을 넣는다는 것을 해괴망측하게 여겼을지 모르지만 우리는 단짠의 매력을 아는 사람들이지 않은가! 보드랍고 하얀 우유가 담긴 컵에 커피를 내려 연유와 함께 잘 섞은 후 마셔 보자. 단짠의 진수가 여기에 있다.

찾아가기 꿀팁
지도를 보며 따라가다가 메르씨Merci라는 글자가 보이면 그 집을 마주 보고 오른쪽이 카페 므오이이다.

Address	14 Võ Thị Sáu, Phú Hội
Tel	0234-3837-341
Open	24시간
Access	짱띠엔교에서 도보 10분
GPS	16.469666, 107.595869
Cost	đđ

Address	10 Nguyễn Lương Bằng, Phú Hội
Tel	0234-6530-705
Open	06:30~11:00, 15:00~22:00
Access	짱띠엔교에서 도보 17분
GPS	16.46275, 107.5989
Cost	đ

맛있는 이탈리아 음식을 파는 곳
리조또 레스토랑
Risotto Restaurant

이름에서 유추할 수 있듯이 이탈리아 음식과 더불어 베트남 음식을 파는 곳이다. 훼에 있는 여타 이탈리안 레스토랑과 비교했을 때 퀄리티가 월등하며 모두 평균 이상의 맛을 낸다. 서양식이 먹고 싶을 때 들러서 파스타, 리조또, 피자 등 다양한 메뉴에 도전해 보자. 간단한 베트남식도 괜찮은 편이지만 가격 대비 로컬 레스토랑에 비해 메리트가 떨어진다. 디저트로 패션 프루트를 제공하고 저녁에는 애피타이저로 브루스케타도 제공한다.

Address	14 Nguyễn Công Trứ, Phú Hội
Tel	0234-3949-684
Open	10:00~22:00
Access	짱띠엔교에서 도보 10분
GPS	16.47191, 107.59561
Web	www.risottorestauranthue.com
Cost	đđ

작은 숲속에 들어가는 듯한
벤 쑤언
Bến Xuân

자그마한 구석 끄트머리에 위치해 여행자들은 잘 찾지 않는 카페이다. 흐엉 강변에 위치해 흐르는 물을 보며 커피나 맥주를 마시며 잠시 쉬어가기 좋다. 자리에 앉으면 짜다(시원한 차)가 무료로 제공되고 메뉴판은 따로 주지 않는데 대부분 카페와 비슷한 메뉴인 커피, 과일주스, 맥주 등을 판매한다. 학생들보다는 중년들이 즐겨 찾는 곳으로 언제나 트로트 풍 노래를 틀어 준다.

Address	5 kiet 57 Nguyễn Công Trứ
Tel	091-420-6917
Open	06:30~22:00
Access	짱띠엔교에서 도보 15분
GPS	16.47188, 107.59841
Cost	đ

7

Stay

숙 소

Resort · Hotel · Hostel

다낭 최고의 리조트

퓨전 마이아 리조트
Fusion Maia Resort

MUST STAY 80개의 풀빌라와 4개의 스파 빌라, 2개의 해변 빌라로 이루어진 곳으로 아시아 최초로 무료 스파를 제공한 곳이기도 하다. 하루 2번의 스파를 제공하는데 대부분 두 개의 프로그램을 묶어서 한 번에 받는 편이다. 50여 개의 프로그램이 있는데 한국인이 생각하는 마사지에 근접한 것은 태국식 마사지인 Stress Release Massage이고 그 외에도 Warm Pressure Massage와 Natural Living Aroma, Himalayan Heart Stone과 스크럽이 괜찮은 편이다. 체크아웃하는 날도 2번의 스파가 포함되어 있다는 것을 잊지 말자. 또한 해변 혹은 스튜디오에서 요가, 태극권, 명상 등 다양한 무료 프로그램이 진행된다. 해변 옆 수영장에서 바라보는 일출이 아름다운 편이니 날씨가 좋다면 조금 일찍 하루를 시작해보자. 퓨전 마이아의 또 다른 장점은 언제 어디서나 즐길 수 있는 조식으로 뷔페는 메인 메뉴 중 하나와 음료를 고를 수 있고, 그 외에도 즉석 쌀국수와 오믈렛을 포함한 다양한 음식을 제공한다.

🅣ip 알아두면 유용한 꿀팁

호이안과 리조트를 오가는 무료 셔틀버스는 3시간 전에 미리 예약해야 하고 체크아웃 시간이 지난 다음에도 이용할 수 있다. 호이안 출, 도착지는 같은 계열사에서 운영하는 퓨전 카페Fusion Cafe로 호이안 지도를 제공하고 무료로 짐을 보관해 주고 자전거를 대여할 수 있다. 이른 아침에 갔다면 조식도 이곳에서 대체할 수 있다.

Address	Võ Nguyên Giáp, Q. Ngũ Hành Sơn
Tel	0236-3967-999
Access	용교에서 차로 15분
GPS	16.031123, 108.255279
Web	www.fusionmaiadanang.com
Admission	đđđ

산속에 폭 안긴

인터컨티넨탈 다낭 선 페닌슐라 리조트
InterContinental Danang Sun Peninsula Resort

다낭 최고의 시설을 갖춘 초특급 리조트로 현대
적이면서도 베트남 전통미를 잘 살린 건축물이
인상적이다. 뒤로는 산이 있고 앞에는 바다가 있
어 자연 속에 안긴 모습이 하나의 예술 작품처럼
느껴진다. 모든 객실이 바다를 향하여 멋진 전망
을 감상할 수 있고 다양한 프로그램과 인피니티
풀, 스파, 키즈 클럽 또한 흠잡을 곳 없이 완벽하
다. 경사가 있어서 해변에 오르내리기 힘든 점을
고려하여 배 모양의 남 트램(Nam Tram)을 운행한다. 키
즈 클럽에서는 놀이 활동은 물론 페이스 페인팅,
연날리기, 키즈 요가, 공예, 베트남 전통 놀이 등
다양한 프로그램을 운영한다. 유료 베이비 시터
서비스도 받을 수 있으며 요청 시 아기 침대를 제
공한다. 시내에서 차로 30~40분 떨어져 있어 다소
불편한 편이나 다낭과 호이안으로 무료 셔틀을
운행한다. 다른 곳에 묵으며 이곳의 전망을 감상
하고 싶다면 시트론, 라 메종 1888, 베어풋, 롱 바
등 리조트 내 레스토랑을 이용하면 된다.

Address	Thọ Quang, Sơn Trà, Đà Nẵng
Tel	0236-3938-888
Access	용교에서 차로 30분
GPS	16.119841, 108.307155
Web	www.danang.intercontinental.com
Admission	đđđ

가족 여행자에게 추천하고픈

하얏트 리젠시 다낭 리조트 앤 스파
Hyatt Regency Danang Resort & Spa

주방을 사용할 수 있고 리조트 내 마트가 있어서 밥을 해 먹어야 하는 가족 여행자에게 안성맞춤. 일반 객실과 클럽룸 중 취향에 맞는 구조를 고를 수 있고 한국인이 즐겨 찾는 곳이라 한국어로 적힌 메뉴와 안내문 등 편리한 부분이 많다. 인피니티 풀을 포함하여 다섯 개의 수영장과 전용 해변이 있어서 물놀이에 최적화되어 있다. 그 외에는 헬스장과 테니스, 암벽 등반, 요가, 태극권 등 다양한 프로그램에 무료로 참여할 수 있다. 클럽 라운지에서는 하루 종일 스낵과 음료가 제공되고 저녁에는 칵테일과 술을 무료로 제공한다. 호텔과 호이안을 연결하는 유료 셔틀버스도 운행한다.

Address	5 Truong Sa St, Hoà Hải
Tel	0236-3981-234
Access	용교에서 차로 15분
GPS	16.013125, 108.263703
Web	danang.regency.hyatt.com
Admission	đđđ

1일 1회 무료 스파를 제공하는

나만 리트리트
Naman Retreat

다낭 리조트 중 호이안과 가장 가까운 이곳은 자연 친화적인 인테리어에 밝은 느낌을 살렸으며 전 객실에 발코니가 있다. 풀빌라는 버기카로 이동할 수 있고 체크인 시 리조트 정보가 담긴 태블릿을 주어서 다양한 프로그램을 확인할 수 있다. 또한, 객실 요금에 1일 1회의 스파가 포함되어 있다. 어린이를 위한 구명조끼와 킥 판이 갖춰져 있고 요일별로 수영 강습, 베트남어 강습, 하이킹 등 다양한 프로그램을 진행한다. 조식도 어른, 아이 모두 좋아할 만큼 다양한 메뉴를 선보이고 특히 벌집을 옮겨놓은 꿀이 독특한 편이다. 다낭과 호이안을 오가는 셔틀은 하루에 한 번 있는데 예약하는 것이 좋다.

Tip 알아두면 유용한 꿀팁
숙박객이 많으면 원하는 시간에 스파 서비스를 받지 못할 수 있으니 체크인 시 스파 예약을 하는 것이 좋다.

Address	Truong Sa Road, Hoà Hải
Tel	0236-3959-888
Access	용교에서 차로 20분
GPS	15.969764, 108.284221
Web	www.namanretreat.com
Admission	đđđ

액티비티 천국!

풀만 다낭 비치 리조트
Pullman Danang Beach Resort

자연 친화적인 인테리어로 편안함을 느낄 수 있는 이곳은 아코르 그룹에서 운영하는 호텔로 슈페리어 룸과 디럭스 룸으로 나누어져 있다. 두 객실의 크기는 같으나 층이 나누어져 있고 전 객실에는 테라스가 설치되어 있다. 패들 보드, 서핑, 에어로빅, 태극권, 수영 등 다양한 무료 강습을 운영하고, 체크인 시 제공되는 음료 쿠폰을 이용해 인피니티 풀 옆에 있는 풀 바에서 무료 음료를 받을 수 있다. 한 가지 아쉬운 점은 아이들을 위한 키즈 클럽이 있기는 하지만 다른 리조트에 비해 부실한 편이니 아이와 함께 여행한다면 다른 리조트를 추천한다.

🔵Tip **알아두면 유용한 꿀팁**
예약 시 공항에서 호텔까지 무료 픽업 서비스를 받을 수 있다.

Address	101 Nguyen Giap street, Khue My Ward
Tel	0236-3958-888
Access	용교에서 차로 15분
GPS	16.040619, 108.250362
Web	www.pullman-danang.com
Admission	đđđ

용교가 내려다보이는 신설 호텔

밴다 호텔
Vanda Hotel

용교 꼬리 쪽에 우뚝 선 호텔로 위치, 시설, 가격, 서비스 모두 만족스러운 곳이다. 체크인하는 동안 웰컴 드링크와 물수건을 제공한다. 엘리베이터는 방 카드키를 찍어야만 버튼을 누를 수 있는데 번거롭지만 그만큼 보안이 철저하다. 방에 들어가면 웰컴 과일과 250㎖ 아쿠아 피나 생수 2병이 매일 제공되고 그 외에 미니바의 가격은 계산서에 적혀 있다. 외출하면 청소를 하니 귀중품은 금고에 넣어두는 것이 좋고 저녁 식사 후 돌아오면 카드와 쿠키를 놓고 간다. 신생 호텔이라 모든 것이 깨끗하고 복도에 카펫이 깔려있어서 발소리가 나지 않는 것이 장점이다. 조식은 뷔페식으로 중국인 여행자를 위한 메뉴가 많은 편이고 오믈렛과 즉석 쌀국수를 만들어 주는 코너가 마련되어 있다. 4층에 위치한 수영장은 언제나 아이들로 북적이고 한강이 내려다보이는 19층 루프톱 바는 야경이 특히 멋있다.

📢 알아두면 유용한 꿀팁

호텔 바로 앞에 큰 길이 있는데 길을 건너기 어렵다면 벨보이의 도움을 받자.

Address	3 Nguyễn Văn Linh, Hải Châu
Tel	0511-3525-969
Access	참 박물관에서 도보 1분
GPS	16.060672, 108.222516
Web	www.vandahotel.vn
Admission	đđđ

다낭 | 호텔

아낌없이 주는 호텔

블로썸 시티 호텔
The Blossom City Hotel

MUST STAY 이것저것 챙겨 주는 것이 많다. 유일하게 다낭 시내 곳곳에 무료로 내려 주는 셔틀 버스 서비스를 운영하고 있고 오행산, 호이안까지 가는 무료 셔틀 버스도 있다(2시간 전 예약 필수). 저녁 9시부터 11시 30분 사이에는 한강이 내려다보이는 루프톱 레스토랑에서 쌀국수를 무료로 제공하고 웰컴 티, 웰컴 과일도 빠지지 않는다. 대부분 투숙객이 일본인이라 영어보다 일어가 잘 통하고, 직원들의 일 처리가 매끄럽지 못하지만 그 정도쯤은 눈감아 줄 수 있을 정도로 혜택이 많은 편이다. 한강 바로 옆에 위치하여 전망이 좋은 편이고 한강이 보이지 않는 방에서는 미케 해변이 보인다.

알아두면 유용한 꿀팁
입구로 올라가는 길에 계단이 있는데 옆에 있는 주차장에 엘리베이터가 있어서 휠체어나 유모차 이용 시 이용할 수 있다.

Address	147 Trần Hưng Đạo
Tel	0236-3961-666
Access	한강교에서 도보 17분
GPS	16.079671, 108.228990
Web	www.theblossomcity.com
Admission	đđđ

미케 해변 앞 무난한 호텔

그랜드 투란 호텔
Grand Tourane Hotel

미케 해변이 시원하게 내려다보이는 곳으로 신축 호텔이라 시설이 깨끗하다. 높은 층으로 올라갈수록 수평선이 탁 트인 뷰를 즐길 수 있으며, 조식은 3층에서 제공되는데 다낭 대부분 호텔이 그렇듯이 쌀국수부터 김밥까지 선택의 폭이 넓은 편이다. 수영장은 성인용과 유아용으로 나누어져 있고 리셉션에서 튜브도 대여할 수 있다. 호텔 내 스파 시설이 있는데 가격 대비 서비스가 좋다고 하기는 어렵다. 한국인과 중국인 패키지 팀이 자주 이용하는 호텔로 다소 북적일 수 있다.

Address	252 Võ Nguyên Giáp
Tel	0236-3778-888
Access	용교에서 차로 7분
GPS	16.061772, 108.245889
Web	grandtouranehotel.com
Admission	đđđ

백패커들의 천국

바니스 호스텔
Barney's Hostel

한강이 보이는 멋진 전망에 도미토리에서는 찾아보기 힘든 냉장고와 에어컨, 테라스에 넓은 샤워실까지? 이 가격에 이렇게 좋은 시설을 이용해도 되나 싶을 정도로 훌륭한 시설을 자랑하는 바니스 호스텔은 베트남인과 결혼한 이탈리아인이 운영하는 곳으로 유독 유럽 여행자들이 몰리는 호스텔이다. 모든 객실은 도미토리로 운영되고 1층은 공동 공간이자 간단한 음식과 음료를 판매하는 레스토랑으로 운영된다. 간단하지만 바로 만들어 주는 아침 식사와 베트남 커피도 훌륭한 편이고 쾌활하고 친절한 직원 덕분인지 떠나기 아쉬워하는 여행자가 많다.

Address	169 Trần Hưng Đạo
Tel	089-8192-391
Access	한강교에서 도보 15분
GPS	16.078976, 108.228983
Web	www.barneyhostel.com
Admission	đđ

프라이빗한 도미토리
1812 부티크 호스텔
1812 Boutique Hostel

이 가격에 이런 조식이?
마이 부티크 호텔
Mai Boutique Hotel

도미토리뿐인 호스텔에 부티크^{Boutique}라는 이름이 어울리지 않는다고 생각될지 모르지만, 맞다, 부티크 호스텔. 2016년에 문을 연 이곳은 모든 시설이 반짝반짝하다. 특히 모든 침대가 칸으로 나누어져 있고 커튼이 있어서 프라이버시 보장이 확실하다. 게다가 모든 방에는 풀 가동 에어컨까지! 침대 아래 자물쇠 달린 넓은 서랍에 짐을 보관할 수 있고 화장실과 샤워실은 방 밖에 있고 공용으로 사용한다. 특히 샤워실이 1층 주방 옆 오픈된 공간에 있는 것이 특이한데 직접 이용해 본 경험으로 남녀 구분 없이 사용하므로 오픈된 공간에 있다는 것이 심적으로 훨씬 편했다. 수도꼭지를 틀자마자 뜨거운 물이 쏟아져나오니 주의하는 것이 좋다.

해변과 가까운 호텔 중 저렴하면서 시설이 괜찮은 편으로 러시아와 중국인 투숙객이 즐겨 찾는 곳이다. 주택가에 위치해 호텔 느낌보다는 저택에 묵는 듯한 느낌이 드는 이곳은 베트남 여성과 결혼한 네덜란드 사장에 의해 운영되는 곳이다. 방에 따라 상태가 많이 다른 편이니 체크인 시 미리 방을 보여 달라고 요청하는 것이 좋다. 이곳의 최대 장점은 조식. 오믈렛과 소시지가 포함된 콘티넨탈식 세가지와 다낭의 대표 음식인 미꽝과 국물이 시원한 쌀국수가 있고 작지만 알찬 뷔페도 준비되어 있다. 특히 직접 만든 반 미와 요거트가 굉장히 맛있는 편이다. 10개의 방으로 이루어진 작은 규모의 호텔이지만 정복을 갖춰 입은 직원들은 부담스러울 정도로 친절하다. 생긴 지 얼마 되지 않은 곳이지만 시설은 조금 낡은 듯한 느낌을 지울 수 없다.

🏷 알아두면 유용한 꿀팁
체크인 시 열쇠 보증금으로 10만 동을 내야 하고 체크아웃 시 돌려 준다. 보안이 잘되어 있는 편이지만 도미토리에서 자기 물건은 스스로 챙겨야 한다. 잠깐 화장실에 가더라도 중요한 물건은 꼭 사물함에 넣자.

Address	21 Nguyễn Cao Luyện, An Hải Bắc
Tel	0236-3941-812
Access	미케 해변에서 도보 5분
GPS	16.069298, 108.242181
Web	www.1812hostel.com
Admission	đđ

Address	115 Hồ Nghinh, Phước Mỹ
Tel	090-541-3344
Access	미케 해변에서 도보 8분
GPS	16.074167, 108.243064
Web	www.maiboutiquehotel.com
Admission	đđ

가성비 최고!
팜 가든 리조트
Palm Garden Resort

MUST STAY 야자수 정원Palm Garden이라는 이름처럼 수많은 코코넛 나무에 둘러싸인 곳으로 리조트에 들어서면 휴양지 분위기가 물씬 풍긴다. 유아용 수영장과 함께 커다란 수영장을 가운데 두고 드문드문 단지가 조성되어 있고 꽤 큰 규모를 자랑한다. 체크인 시 웰컴 드링크를 제공하고 버기를 타고 객실로 안내한다. 방이 그리 큰 편은 아니지만 천장이 높아서 답답한 느낌이 들지 않는다. 다만, 에어컨 리모컨이 제공되지 않는 것이 단점이다. 조식은 뷔페식으로 제공되는데 쌀국수, 반 쎄오, 반 베오부터 다양한 종류의 빵과 치즈, 과일, 요거트 등을 제공한다. 끄어다이 해변과 리조트가 맞닿아 있어서 해수욕을 즐기기 좋고 아이들을 위한 특화 프로그램이 잘되어 있는 편이라 가족 여행자가 묵기 편한 곳이다. 객실 중 계단을 올라가야 하는 2층이 있으니 필요 시 1층으로 예약 요청을 하는 것이 좋다. 리조트 내 조명이 많지 않아서 밤에는 어두운 편이다.

Address	Lạc Long Quân, Cửa Đại
Tel	0235-3927-927
Access	구시가지에서 차로 20분 소요
GPS	15.900808, 108.359014
Web	www.palmgardenresort.com.vn
Admission	đđđ

훌륭한 스파 시설을 갖춘
아난타라 호이안 리조트
Anantara Hoi An Resort

구시가지에서 투본강을 따라 도보 15분 거리에 위치한 리조트로 호이안 시내에서 도보로 이동 가능한 리조트 중 가장 괜찮은 편이다. 발리 우붓을 연상케 하는 이국적인 인테리어가 인상적인 곳으로 총 93개의 객실이 있고 투본강이 보이는 객실과 보이지 않는 곳의 가격 차이가 크게 난다. 도착 시 웰컴 스낵과 음료를 마시며 체크인을 할 수 있도록 도와주고 객실 안내 시 객실 내 비품 사용법을 자세히 알려 준다. 매일 아침 영어 신문과 4병의 무료 생수가 제공되고 비누는 세 가지 향 중 선택할 수 있다. 아난타라 리조트의 스파는 호텔 체인 전속 테라피스트가 있어서 다른 호텔 부설 스파보다 실력이 뛰어난 편이고 마사지가 끝난 후 차와 과일이 제공된다. 웰컴 과일과 함께 제공되는 손으로 쓴 웰컴 편지와 매일 저녁, 턴다운 서비스와 함께 나뭇잎에 매일 다른 메시지를 적어두어서 슬며시 미소가 지어진다.

🐛 알아두면 유용한 꿀팁
매일 아침 7시 30분에 투본강 앞에서 진행되는 무료 요가 클래스에 참여하고 싶다면 하루 전에 예약해야 한다. 자전거는 무료로 이용할 수 있고 자전거 지도와 함께 제공된다. 조식은 뷔페식으로 즉석 코너가 많아서 알찬 편이고 유료 쿠킹 클래스도 운영하고 있다.

Address	1 Phạm Hồng Thái
Tel	0235-3914-555
Access	내원교에서 도보 15분
GPS	15.877247, 108.336859
Web	www.hoi-an.anantara.com
Admission	₫₫₫

고전미가 느껴지는

빅토리아 호이안 비치 리조트 앤 스파
Victoria Hoi An Beach Resort & Spa

다낭 리조트보다 저렴한 가격에 독특한 건축 양식으로 지어진 건물과 친절한 직원이 진정한 휴양을 즐길 수 있도록 도와주는 곳으로 끄어다이 해변과 맞닿은 곳에 있다. 바다가 바로 보이는 오션뷰와 가든뷰로 나누어져 있고 호이안 시내까지 무료 셔틀버스를 운행한다. 무료로 자전거를 빌릴 수 있고 키즈 클럽도 운영되고 있다. 또한, 사이드카 투어를 비롯한 다양한 투어와 각종 스포츠 용품도 유료로 대여할 수 있다. 다만, 도보로 이동 가능한 곳에 식당이나 스파가 없어서 차를 이용해야 한다는 것이 단점이다.

Address	Âu Cơ, Biển Cửa Đại
Tel	0235-3927-040
Access	구시가지에서 차로 20분
GPS	15.895247, 108.369700
Web	www.victoriahotels.asia
Admission	đđđ

매혹적인 수영장이 있는

호텔 로열 호이안 – 엠 갤러리 바이 소피텔
Hotel Royal Hoi An - MGallery by Sofitel

한적한 동네에 우뚝 서 있는 경쾌한 노란색 건물은 119개의 방을 가진 엠 갤러리 바이 소피텔로 이 근방에서 가장 시설이 좋고 또 가장 비싸다. 홈페이지를 통해 2박 숙박 시 조식과 스파를 무료로 제공하는 등 다양한 패키지를 운영하고 있으니 예약 전 꼼꼼히 확인해 보는 것이 좋다. 숙박 시 헬스 시설과 자전거, 수영장을 무료로 사용할 수 있는데 수영장 바닥의 무늬가 독특한 편이라 인증 샷의 장소로 애용되는 편이다.

Address	39, Đào Duy Từ, Cẩm Phố
Tel	0235-3950-777
Access	내원교에서 도보 10분
GPS	15.876752, 108.319916
Admission	đđđ

이 가격에 이런 시설이라니!

호이안 히스토릭 호텔
Hoi An Historic Hotel

MUST STAY 구시가지에서 아주 조금 벗어났을 뿐인데, 관광객으로 북적이는 골목은 찾아볼 수 없을 만큼 한적한 여유를 즐길 수 있다. 차분한 분위기의 목조 건물에 150개의 객실이 있는 큰 호텔로 연배가 지긋한 서양인 여행자가 주 고객이어서 조용하다. 뷔페식으로 제공되는 조식이 매우 알차고, 자전거를 무료로 이용할 수 있으며 호이안 해변과 호텔을 오가는 무료 셔틀버스도 운영한다. 이 외에도 소소하게 챙겨 주는 것 많은 실속 있는 호텔이다. 누구라도 만족할 만하지만 수영장 수위가 꽤 깊은 편이며, 선베드가 많은 편은 아니라 어린이를 동반했거나 성수기에는 수영장 이용하기 불편할 수 있다.

Address	10 Trần Hưng Đạo
Tel	0235-3861-445
Access	내원교에서 도보 8분
GPS	15.879989, 108.330870
Web	www.hoianhistorichotel.com.vn
Admission	đ

실속 있는 여행자라면

메종 비 호텔
maison vy hotel

구시가지를 벗어나 논밭을 따라 걷다 보면 눈에 들어오는 시원한 파란색 건물로 40개의 방을 가지고 있다. 방마다 크기와 구조가 다르니 각자 취향에 맞는 방을 골라 보자. 조식은 가짓수가 많지는 않지만 알찬 편이고 베트남 국수와 오믈렛은 즉석에서 만들어 준다. 이곳은 모닝 글로리, 카고 클럽 레스토랑과 함께 운영되는 곳인데, 종종 홈페이지를 통해 예약 시 레스토랑 무료 이용권을 주는 이벤트를 열기도 한다. 구시가지의 북적거림은 찾아볼 수 없을 만큼 한적해서 편히 쉴 수 있지만, 내원교까지는 도보로 20분 정도 떨어져 있어서 여름에는 걸어가기 힘들고 차를 이용하는 것이 좋다.

Address	544 Cua Dai, Cẩm Châu
Tel	0235-3862-231
Access	구시가지에서 차로 10분
GPS	15.880118, 108.338094
Web	maisonvy.com
Admission	đ̲đ̲

구시가지 내에 위치한

빈 훙 1 헤리테지 호텔
Vinh Hung 1 Heritage Hotel

구시가지에서 가장 번화한 쩐 뿌 거리에 위치한 곳으로 다른 곳에서는 할 수 없는 오래된 고가에 묵어보는 독특한 경험을 할 수 있다. 한낮에 날씨가 매우 더운 다낭의 특성상 구경하다가 낮에 쏙 들어가서 휴식을 취하기 좋은 위치에 있지만 관광객이 가장 많이 몰리는 곳인 만큼 밤낮없는 시끄러움은 감수해야 한다. 또한, 건물이 오래되어 습하고 곰팡내가 나는 편이다. 한국 사람이라고 하면 "이름이 뭐야?"라고 물어보는 리셉션 아저씨를 만나도 놀라지 말자.

Address	143 Trần Phú, Minh An
Tel	0235-3861-621
Access	내원교에서 도보 1분
GPS	15.876997, 108.326888
Web	www.vinhhungheritagehotel.com
Admission	đđđ

팔마로사 스파 옆

빈 훙 라이브러리 호텔
Vinh Hung Library Hotel

26개의 방이 있는 규모가 꽤 큰 호텔로 1층에 작은 도서관(한국 책은 없다)을 가지고 있는 호텔이다. 총 4층으로 이루어져 있는데 엘리베이터가 없어서 높은 층에 배정될 경우 노약자가 아니라도 다소 불편한 편이다. 근처에 빈 훙과 탄 빈 호텔이 많은데 시설은 다 비슷한 편이고 홈페이지에 나와 있는 사진보다는 열악한 편이다. 지점이 많으니 예약 시 이름을 잘 확인하는 것이 좋다. 한국인 여행자들에게 인기가 많은 팔마로사 스파와 가깝고 내원교와도 도보 10분이면 갈 수 있다.

Address	96 Bà Triệu, Cẩm Phô
Tel	0235-3916-277
Access	내원교에서 도보 10분
GPS	15.880702, 108.326031
Web	www.vinhhunglibraryhotel.com
Admission	đđ

해변과 맞닿은

탄 탄 가든
Thanh Tan Garden

히든 해변과 맞닿은 곳으로 해변에서의 멋진 휴가를 즐기기에 안성맞춤인 곳이다. 깔끔한 방은 시설 대비 가격이 약간 높은 편이지만 바다가 내려다보이는 정원과 바나나 잎을 엮은 파라솔과 선베드가 포함된 것을 생각하면 수긍할 만하다. 선베드와 자전거를 무료로 이용할 수 있고 패들보드(2달러/1일)와 구명조끼(1달러/1일)도 대여할 수 있고 호텔 내 운영되는 카페, 사운드 오브 사일런스의 커피도 맛있는 편이다. 다만 항상 바람이 많이 불어서 파도가 약간 높은 편이라 수영을 할 때는 안전사고에 주의하자. 조식은 하루 전에 메뉴와 시간을 정해서 알려 주면 원하는 장소(방, 정원, 해변)에서 먹을 수 있다.

Address	Lạc Long Quân, Cẩm An
Tel	0235-3861-101
Access	히든 해변에서 도보 1분
GPS	15.908950, 108.347345
Admission	đđ

오래 머물기 좋은 곳
하모니 홈스테이
Harmony Homestay

친절한 가족이 운영하는
리도 홈스테이
Lido Homestay

구시가지 내 호이안 시장에서 도보 5분 거리에 위치하여 한적한 분위기를 느낄 수 있는 곳으로 1층은 테일러 숍을 2, 3층은 홈스테이를 운영한다. 3대가 모여 사는 곳이라 안전하고 언제나 화기애애한 분위기를 느낄 수 있는 것이 가장 큰 장점이다. 2층은 창문이 있는 방과 없는 방으로 나누어져 있고 저녁에 시끄러울 수 있지만 3층에서는 투본강이 보이는 전망이 있으니 되도록 3층 방에 묵으면 좋다. 1층 테일러 숍에서 아오자이를 주문하면 1~2일 후에 받을 수 있다.

안방 2(히든 해변) 지역, 주택가에 위치한 독채 방갈로형 숙소이다. 널찍한 침대와 냉장고, 테이블, 순간 온수기까지 갖춰져 있는데 가격이 저렴하여 예약이 쉽지 않다. 이 주변에 홈스테이 세 곳이 더 있지만 이만한 곳이 없다. 주인집 딸, 안Ahn이 영어를 잘하여 이것저것 살뜰히 챙기고 도움을 많이 준다. 특히 정성스럽게 준비한 아침 식사가 기억에 남는 곳이다. 여러 가지 메뉴 중 고를 수 있는데 모든 메뉴에는 과일 한 접시가 제공된다. 다만, 외부에서 곤충이 자주 들어오는 편이니 곤충을 무서워한다면 다른 곳을 찾아보자.

Address	03C Phan Boi Chau
Tel	0235-3863-177
Access	복건 회관에서 도보 7분
GPS	15.877316, 108.335288
Web	www.harmonyhoian.com
Admission	đđ

Address	Lạc Long Quân, Cẩm An
Tel	0169-550-6155
Access	히든 해변에서 도보 4분
GPS	15.906882, 108.348709
Web	www.lidohomestay.com
Admission	đđ

프랑스 대사관으로 사용하던
라 레지던스 훼
La residence hue hotel & spa

저렴한 가격에 실속 있는
샤이닝 서린 호텔
Shining Serene Hotel

MUST STAY 커다란 분수가 있는 정원을 가로질러 호텔 입구에 도착하면 레몬그라스와 생강을 넣은 냉차, 시원한 물수건을 제공한다. 객실은 아담하지만 나무가 우거진 테라스가 있어서 불편함 없이 지낼 수 있다. 호텔 내 작은 도서관과 컴퓨터를 이용할 수 있는 공간이 있는데 이곳에 전시된 작품은 응우옌 왕조 시대의 황제 초상화이다. 호텔 내 스파에서 진행하는 오일 마사지는 괜찮은 편인데, 해피 아워에는 할인이 되니 체크인 시 문의해 보자. 프랑스인 쉐프가 진두지휘하는 레스토랑도 괜찮은 편이고 조식은 뷔페식으로 제공된다.

여행자 골목 안쪽에 위치해 초행길에 찾기 어려운 편이지만 가격 대비 시설과 조식 모두 훌륭한 편이다. 강과 나무가 어우러진 풍경도 괜찮고 높은 층에 묵을수록 전망이 좋으니 참고하자. 조식은 메뉴판에서 한 가지를 주문하고 테이블에 있는 과일과 음료, 빵은 직접 가져오면 된다.

Address	5 Lê Lợi, Vĩnh Ninh
Tel	0234-3837-475
Access	짱띠엔교에서 도보 10분
GPS	16.458977, 107.580578
Web	www.la-residence-hue.com
Admission	đđ

Address	57/5 Nguyễn Công Trứ, Phú Hội
Tel	0234-3935-887
Access	짱띠엔교에서 도보 20분
GPS	16.471579, 107.598138
Web	sereneshininghotel.com
Admission	đđ

8

Planing

여행 준비

베트남
기본 정보

기본 정보

국명 베트남 사회주의공화국 Cộng hòa xã hội chủ nghĩa Việt Nam

수도 하노이

면적 331,211.6 km2 (한반도의 약 1.5배)

인구 약 9,500만 명

인종 낀족Kinh 85.7%, 54개 소수 민족

통화 동(VND, đ)

언어 베트남어

시차 한국보다 2시간 느림

전압 20V, 50Hz(간혹 모양이 다른 콘센트가 있으나 대부분 한국 제품을 그대로 이용할 수 있음)

국제코드 +84

비자

베트남은 비자 없이 15일간 여행할 수 있다. 비자 없이 입국한 후에는 현지에서 비자를 신청할 수 없고 30일이 지난 후에 다시 입국할 수 있다. 도착 비자를 받는 것은 개인이 진행하기 어려운 부분이 많아서 대부분 여행사를 통해 발급받는 편이다. 참고로 여권의 잔여 기간은 반드시 6개월 이상 남아 있어야 하고 입국 및 세관 신고서는 작성하지 않는다.

인터넷

대부분 레스토랑과 호텔에서 무료로 사용할 수 있고 속도도 빠른 편이다. 더불어, 공공 와이파이도 운영되고 있다.

심 카드

공항에서 나오면 몇 개의 심카드 가판대를 볼 수 있다. 이곳에서 사는 것이 가장 편리하고 가격도 합리적인 편이다. 전화와 인터넷 데이터를 사용할 수 있는 것과 데이터만 사용할 수 있는 것으로 나누어져 있는데 한국과 연락을 하고 싶다면 데이터를 통해 인터넷 메신저로 통화할 수 있으니 데이터만 사도 충분하다. 와이파이가 잡히는 곳이 많고 데이터가 무제한이니 한 명만 개통하여 테더링으로 함께 사용해도 무방하다.

남은 데이터 확인

Viettel 191번으로 kttk 문자 보내기
MobiFone 999번으로 kt data
문자 보내기
VinaPhone 888번으로 date

유용한 전화번호

경찰서 113
소방서 114
병원(구급차) 115

호찌민 영사관

주소 107 Nguyen Du, Dist 1, HCMC
전화 08-3822-5757

하노이 대사관

주소 28, Lotte Center Hanoi, 54 Lieu Giai
St., Ba Dinh District, Hanoi
전화 04) 3831-5110~6

긴급 연락처

대사관 당직 090-402-6126,
　　　　　　　090-320-6566
사건·사고 시 090-462-5515
민원 사항 091-323-2284

다낭 연중 기후

동남아는 일 년 내내 더울 것으로 생각
했다면 오산! 한국만큼 춥진 않지만 다
낭에도 겨울은 있다. 내가 여행 갈 시기
의 날씨를 파악하여 알맞은 준비물과
여행 계획을 세워 보자.

3~5월

여행하기 가장 좋은 시기
성수기보다 관광객이 많지 않아서 쾌
적한 여행을 할 수 있다. 한낮에는 더
운 편이지만 다른 시기의 더위에 비하
면 선선한 편으로 여행 시기를 자유롭
게 선택할 수 있다면 이때 갈 것을 가
장 추천한다.

6~8월

혹서기. 리조트 여행자라면 OK!
야외 활동이 어려울 만큼 더운 날씨가
지속된다. 하지만 날씨가 더울수록 즐
거운 물놀이를 즐기기에는 제격이라
이 기간에 다낭을 찾는다면 리조트 여
행을 추천한다. 에어컨이 귀한 호이안
여행은 조금 힘든 시기이기도 하다.

9~11월

우기, 하지만 하루 종일 비가 오는 것
은 아니다.
습도가 높아 꿉꿉하지만 비가 온 후 시
원해지는 날씨를 맛보면 비를 기다리
게 될지도 모른다. 언제 비가 올지 몰
라서 우산을 들고 다녀야 하지만 6~8
월의 더위보다는 낫다. 비수기라 관광
객이 적은 것도 큰 장점이다.

12~2월

여행하기 괜찮은 시기
다낭의 겨울. 한국만큼 춥지는 않지만
야외 수영은 불가하다. 선선한 날씨 덕
에 야외 활동을 제대로 할 수 있는 기
간이지만 한낮에는 덥게 느껴질 만큼
일교차가 큰 편이다.

베트남 돈의 모든 것!
환전하기

환전은 한국에서 달러로
바꿔가면 공항 및 시내에서
쉽게 할 수 있다.
이보다 쉬운 방법은
베트남 ATM 기계로 직접
뽑는 것으로 자신이 소지한
현금카드가 외국에서 사용할 수
있지 반드시 확인해야 한다.
호텔 등 금액이 큰 경우는
신용카드로도 지불이
가능하다는 것도 기억하자.

화폐

베트남의 화폐는 동(VND, ₫)이다. 1,000동, 2,000동, 5,000동, 10,000동, 20,000동, 50,000동, 100,000동이 있고 모두 지폐로 동전은 사용되지 않는다. 단위가 커서 적응하기 어렵고 이로 인한 사기도 빈번히 일어나는 편인데 환율의 변동이 거의 없는 편이니 0을 하나 빼고 반으로 나누면 한국 돈으로 보면 된다(20,000동 = 1,000원). 0이 많으므로 10,000동은 10K, 100,000동은 100K로 표기하는 경우도 많다.

환전

한국에서 달러로 환전 후 베트남 현지에서 베트남 동으로 다시 환전해야 한다. 택시비 정도는 공항에서 환전하고 나머지는 환율이 좋은 한 시장 옆 금은방이나 롯데 마트 등 시내 환전소에서 바꾸는 것이 좋다. 환전 후 위조지폐 여부와 금액을 한 장, 한 장 확인해보는 것이 좋다. 여행을 마친 후 남은 동은 베트남 현지에서 달러로 바꿔야 한다.

ATM

현지 ATM을 이용하면 베트남 동으로 바로 찾을 수 있어서 편리하다. 공항에 있는 ATM을 이용하면 되는데 외국에서 출금이 가능한 카드인가를 꼭 확인해야 한다. 영어와 베트남어 중 고를 수 있고 카드 복제가 이루어지는 경우가 있으니 핀Pin 번호(비밀번호)를 쓸 때는 반드시 손으로 가리고 눌러야 한다. 시내에서도 어렵지 않게 발견할 수 있어서 예산을 가늠할 수 없다면 환전보다 합리적이다.

신용카드

큰 마트와 레스토랑, 호텔 등 다양한 곳에서 사용할 수 있지만 시장이나 로컬 레스토랑에서는 사용할 수 없다. 금액이 큰 호텔비는 신용카드로 계산하면 많은 금액을 가지고 다니지 않아도 되어 편리하다.

여행의 시작과 끝,
예산 짜기

출발 전 경비

여행을 준비하며 고려하지 않을 수 없는 예산, 다낭 여행에는 얼마가 필요할까? 각자의 여행 스타일에 따라 천차만별이지만 대략적인 일정을 정하면 경비 산출이 가능하다.

항공권 : 15~35만 원
숙박비 : 도미토리 1만 원 이내, 3~5성급 호텔 3~10만 원,
　　　　　5성 리조트 10~30만 원
현지경비 : 1일 기준 2~4만 원

현지 경비 산출 비용

일정이 정해지면 숙박비와 식비, 교통비, 입장료, 쇼핑 등 세세한 부분을 체크해 보자. 다낭의 경우 한국에서 원화를 달러로 환전해 가야 하기 때문에 여행 준비 시 대략적인 예산을 산출해 보는 것이 좋다. 다낭의 물가는 한국보다 저렴한 편으로 현지인 식당을 이용하고 도미토리에 묵으면 하루 2만 원도 충분하다.

3박 4일 현지 예상 비용

식사 아침: 조식 포함	
점심: 현지인 식당 3,000원 * 4회 =	12,000원
저녁: 고급 레스토랑 15,000원 * 3회 =	45,000원
커피 1,500원 * 4회 =	6,000원
생수 150원 * 4회 =	600원
교통비 1일 10,000원 * 4일 =	40,000원
입장료 호이안 6,000원 + 바나 힐스 35,000원 + 참 박물관 2,000원 =	40,500원

합계 146,600원

여행에 앞서 대략의 일정이 정해지면 항공료, 숙박비, 교통비, 입장료, 식비, 쇼핑 등 예산을 산출할 수 있다. 베트남 물가는 굉장히 저렴한데 이를 고려하지 않고 너무 많이 환전해 난감해하는 여행자 여럿 보았다.
비싼 수수료 떼이기 전에 대략의 예산을 계산해 보자.

참고 현지 물가

반 미 1만~3만 동
쌀국수 2만 5천~4만 동
생과일주스 1만~4만 동
캔맥주 1만~2만 동
택시 기본요금 7천~1만 8,000동
심카드 4GB 10~12만 동

모르면 후회한다
유용한 애플리케이션 & 웹사이트

언어와 교통편만 해결되면 굉장히 쉬운 다낭 여행. 여기 설명한 앱만 다운받으면 다낭 어디에서도 어려움을 겪지 않을 수 있다. 현지에서 다운받으려면 한국보다 느린 인터넷에 답답할 수 있으니 미리 다운받아가는 것이 속 편하다.

그랩 Grab
다낭 여행을 하다 보면 택시를 타야 할 일이 매우 많으므로 그랩을 필히 설치하는 것이 좋다. 그랩은 우버와 같이 개인 차량과 직접 연결해 주기 때문에 가격이 굉장히 저렴한 편이고 목적지를 따로 이야기할 필요가 없고 정해진 금액만 내면 되어서 무척 편리하다.

구글 지도
다낭은 구글 지도가 잘 맞는 편이다. 목적지를 입력하면 거리와 시간, 내비게이션까지 볼 수 있다.

환율 계산기
0을 하나 빼고 반으로 나누는 방법으로 한결 편하게 계산할 수 있지만 단위가 커지면 헷갈리기 쉽다. 물건값을 내기 전에 한 번씩 톡톡 두드려보자.

손전등
정전이 되는 경우는 거의 없지만 가로등이 없는 곳이나 리조트 내에 어두운 곳이 있을 때 유용하다.

구글 번역기
정확히 번역되지는 않지만 간단한 단어로 의사를 전달할 수 있어서 급할 때 유용하다.

스카이스캐너
다양한 항공편을 날짜, 시간, 가격대별로 검색할 수 있어서 편리하다.

네이버 카페 '베트남 그리기'
베트남 여행을 준비하거나 현재 여행 중인 사람, 다녀온 후 여행 후기를 남기는 사람 등 베트남을 매개체로 모인 여행자 커뮤니티이다. 실시간 정보가 많고 궁금한 점을 물어볼 수 있어 여러 가지로 도움이 된다.
cafe.naver.com/vietnamsketch

Danang Experience
베트남에 거주하며 호텔을 운영하는 네덜란드인이 운영하는 홈페이지로 다낭, 호이안 여행에 대한 정보를 많이 얻을 수 있다. 다만, 약간의 대가성 포스팅도 있으니 참고만 하자.
www.danangexperience.com

〈이지 시티 다낭〉 저자 블로그
다낭 취재를 하며 겪은 이야기와 지면상 담지 못한 이야기 및 변경되는 정보를 발 빠르게 올리고 있으니 여행 전 둘러보면 좋다.
www.iamlassi.co.kr

꼭 필요한 것만 챙기자!
다낭 여행 준비물

짐이 가벼울수록 여행이 즐겁다는 것은 여행 공식과도 같은 것이지만 대부분 택시로 이동하여 캐리어를 끌고다닐 일이 많지 않으니 사진을 많이 찍고 싶다면 다양한 옷을 챙겨가는 것도 나쁘지 않다. 다만, 항공사의 위탁 수화물 규정을 미리 숙지하고 돌아올 때 쇼핑으로 인해 늘어날 무게를 미리 계산해 보는 것이 좋다.

항공권
간혹 항공권을 보여 줘야 하는 경우가 있으니 휴대전화와 이메일에 저장해 두는 것이 좋다.

신용카드, 체크카드
해외에서 사용 가능 여부를 반드시 확인하자. 사용하지 않더라도 비상용으로 가져가는 것이 좋다.

캐리어
짐의 크기에 따라 챙기면 된다. 도미토리를 이용하는 저예산 배낭여행자라도 도난의 위험이 있으니 배낭보다는 번호로 잠글 수 있는 캐리어가 유용하다 (물론, 다낭만 여행할 경우!).

보조 가방
캐리어는 호텔에 두고 시내 여행을 다닐 때 들고 다닐 작은 가방이 필요하다. 다낭은 치안이 좋은 편이지만 이왕이면 크로스로 멜 수 있는 것이 더 좋다.

목베개
필수품은 아니지만, 저가 항공을 이용한다면 준비하는 것도 나쁘지 않다.

보조 배터리
휴대전화로 사진을 찍는다면 하나쯤 챙겨가는 것이 좋다.

옷과 속옷
휴양지 느낌이 물씬 나는 옷이 제격이다. 날씨가 더운 편이라 땀을 많이 흘리니 여유 있게 챙겨 가는 것이 좋다. 한여름이라도 에어컨을 세게 틀어서 추울 수 있으니 가디건을 챙겨 가는 것이 좋다.

신발
물놀이를 할 때 신을 아쿠아슈즈와 평소에 신을 신발을 준비하면 된다. 오행산을 방문할 예정이라면 바닥이 미끄럽지 않은 신발을 하나 챙기는 것이 좋다.

수영복
한겨울을 제외하면 물놀이를 할 일이 많은 곳이니 챙겨 가는 것이 좋다. 참고로 원피스 수영복을 입는 사람이 많지 않아서 눈에 더 띈다는 것!

튜브
수영을 잘 못하지만 물놀이를 하고 싶다면 꽤 쓸 만하다. 튜브 바람은 호텔에서 채워 주는 곳도 있으니 미리 확인해 보자. 다만, 요즘 핫한 대형 튜브는 풀빌라의 개인풀 외에는 사용하지 못하는 리조트가 많다.

비닐봉지
젖은 옷과 수영복, 빨래 등을 넣을 때 유용하다.

선글라스, 선크림
햇볕이 굉장히 세서 건강상 좋지 않을 수 있으니 꼭 챙기는 것이 좋다. 모자는 따로 적지 않았는데 베트남 전통 모자인 농라를 구입해서 쓰고 다니는 것이 좋다.

작은 우산
우기에 여행한다면 작은 우산을 하나 가지고 가는 것이 좋다. 대부분 호텔 & 리조트에는 장우산이 비치되어 있지만 크기가 커서 불편할 수 있다.

설렘 반, 걱정 반
다낭 여행에 대한 궁금증

다낭 여행, 안전할까?

호찌민, 하노이 등 베트남의 대도시를 여행한 여행자라면 베트남 치안에 치를 떨지도 모른다. 하지만 다낭은 치안이 굉장히 좋은 곳으로 가방을 크로스로 착용하거나 DSLR을 그냥 들고 다녀도 괜찮을 정도로 안정되어 있다. 또한, 택시나 숙소 등 사기도 극히 적어서 여러모로 여행에 편리하다. 하지만 밤늦게 술을 많이 마시고 거리를 걷거나 모르는 사람이 주는 음식을 먹는 등 위험 소지가 있는 일은 주의해야 한다. 또한, 가격이 정해져 있지 않은 씨클로나 배를 탈 때는 반드시 미리 흥정해야 한다.

다낭을 여행하기 가장 좋을 때는 언제일까?

다낭 날씨는 크게 우기와 건기로 나눌 수 있다. 건기는 2~8월, 우기는 9~1월로 보고 7, 8월은 가장 덥고 12, 1월은 가장 시원한 시기이다. 우기라 하더라도 종일 비가 오는 것은 아니므로 여행에 큰 무리는 없다. 하지만 대부분 날씨가 더운 편이라 12:00~15:00 사이에는 실내에서 시간을 보내는 것이 좋다.

외국어를 하지 못하는데 가도 될까?

다낭은 베트남의 다른 지역보다 영어가 잘 통하는 편이다. 또한, 번역 앱과 책에 나온 베트남어를 활용하면 대부분 상황을 해결할 수 있다. 결론은 베트남어 혹은 영어를 하지 못해도 여행에는 아무런 문제가 없다!

밤늦게 공항에 도착하는데 어떻게 해야 할까?

다낭 공항에는 대중교통이 다니지 않기에 공항에서 시내로 이동하려면 택시나 호텔 픽업 서비스를 이용해야 한다. 택시는 미터기로 가야 하지만 간혹 미터기를 켜지 않고 바가지요금을 부르는 경우가 있으니 탑승 전 미터기로 갈 것인지 확인하는 것이 좋다. 실랑이하고 싶지 않다면 그랩 앱(추천!)을 이용하는 것이 좋다. 택시비는 다낭 시내 호텔은 10~15만 동, 다낭 해변가는 15~25만 동, 호이안까지는 30~40분 정도 소요되고 약 40만 동이면 충분하다. 심야 시간에는 할증 요금이 적용된다. 픽업 서비스는 호텔이나 현지 여행사를 통해 예약할 수 있고 택시보다 비싼 편이지만 일행이 많거나 밤늦게 도착했을 때 헤매는 수고를 덜 수 있어서 적절히 이용하면 유용하다. 무료 공항 셔틀을 운영하는 숙소도 있으니 예약 시 미리 확인하는 것이 좋다.

다낭과 호이안 중 어디에 묵어야 할까?

다낭과 호이안은 3~40분 거리로 어느 곳에 묵든지 다른 도시로 다녀오기 어렵지 않다. 볼거리는 다낭보다 호이안이 압도적으로 많지만, 고급 리조트와 맛집은 다낭에 더 많은 편이다. 바다를 즐기고 싶은 여행자라면 끄어다이 해변 혹은 안 방 해변 근처에 있는 숙소에 묵고 택시나 셔틀버스를 이용하여 구시가지에 다녀갈 수 있다.

패키지와 자유 여행 중 어떤 것이 좋을까?

이것저것 준비하기 어렵고 짧은 시간 내에 최대한 많은 곳을 다녀가고 싶다면 패키지도 나쁘지 않다. 하지만 정해진 음식을 먹어야 하고 팀원 중 마음에 들지 않는 사람이 있으면 여행의 즐거움이 반감될 수 있다. 자유 여행은 숙소와 레스토랑, 교통편을 알아보는 수고가 있지만 다낭이 경우 볼거리가 많지 않고 교통편은 주로 택시(혹은 그랩)을 이용하기 때문에 큰 어려움은 없다.

베트남 음식은 맛있을까? 한국 음식을 챙겨가야 할까?

향이 강한 동남아 음식을 잘 먹지 못하는 여행자, 한식이 아니면 안 된다던 어르신에게도 베트남 음식은 잘 맞는 편이다. 다만, 향이 강한 향채(고수, 민트 등)는 미리 빼달라고 하는 것이 좋다.

다낭에서 아프거나 다치면 어떻게 해야 할까?

놀기도 짧은 여행, 아픈 것보다 서러운 일은 없다. 상비약은 한국에서 반드시 챙겨 가는 것이 좋고, 만약 잊어 버렸더라도 소화제, 밴드 등 간단한 약은 호텔 혹은 롯데마트에 비치되어 있다. 하지만 약을 먹어도 차도가 없다면 호텔의 도움을 받아 병원을 찾는 것이 좋다. 야외 활동 중 다쳤다면 택시를 타고 택시 기사에게 Lam ơ n cho toi đến tiệm thuốc tay gần nhất(가까운 약국으로 가주세요)라는 글을 택시 기사에게 보여 주자. 여행자 보험은 출국 전 필수로 가입해 두는 것이 좋다.

관련 용어

기침 Ho
열이 나다 Bị sốt
배가 아프다 đau bụng
두통 đau đầu
토하다 Non, oi'
가렵다 Ngứa
피가 나다 Chảy mau'
소화제 Thuốc tieu hoa'
해열제 Thuốc hạ sốt
설사약 Thuốc tieu chảy
감기약 Thuốc cảm
소독약 Thuốc sat trung vết thương
벌레 물린 데 바르는 약 Thuốc boi con trung
안약 Thuốc nhỏ mắt
밴드 Băng ca nhan/ băng vết thương

주요 병원

Bệnh viện C Đà Nẵng
주소 122 Hải Phòng, Thạch Thang, Hải Châu, Đà Nẵng
전화 0236-3821-480

1.1.1. Bệnh Viện Đa Khoa Gia Đình
주소 73 Nguyễn Hữu Thọ, Hòa Thuận Tây, Hải Châu, Đà Nẵng
전화 0236-3632-111

출국하기

인천국제공항으로 이동하기

인천국제공항으로 가는 대중교통은 공항철도와 리무진이 있다. 노선도와 시간표가 명시되어 있으니 출입국 시 이용할 계획이라면 미리 확인하는 것이 좋다. 공항철도는 지하, 공항 리무진은 3층 출국장에서 하차한다.

공항철도

서울역, 홍대입구역에서 탑승할 수 있고 인천국제공항 도착 시 지하 1층에서 내리므로 3층 출국장으로 이동해야 한다.
www.arex.or.kr

공항 리무진(버스)

서울, 경기, 지방 도시에서 출발하는 다양한 노선이 운행되고 있다. 도착 시, 3층 출국장에서 내린다.
www.airportliousine.co.kr

간단히 이해하는 출국 과정

1. 여객터미널 도착

비행기 출발시각보다 최소 2시간 전에 도착해야 한다. 특히 관광객이 많이 몰리는 휴가철에는 더욱 일찍 가야 한다. 공항에 도착하면 3층 출국장으로 이동 후 전광판을 통해 항공사 카운터(영어 알파벳과 숫자) 위치를 찾는다. 대한항공은 새로 생긴 제2 터미널을 이용한다는 점을 잊지 말자.

항공사	체크인 카운터
제주항공(7C)	제1터미널 F
진에어(LJ)	제1터미널 D, E
티웨이항공(TW)	제1터미널 E
이스타항공(ZE)	제1터미널 E
베트남항공(VN)	제1터미널 D
대한항공(KE)	제1터미널 A, B, C, F
아시아나(OZ)	제1터미널 F, K, L, M
대한항공(KE)	제2터미널 A ~ H

2. 인천 공항 탑승 수속 과정
탑승 수속

해당 카운터의 번호 옆에 있는 목적지를 확인 후 카운터에 여권과 전자항공권을 제출 후 담당 직원 옆에 있는 벨트에 위탁 수하물을 올린다. 이때, 전자 항공권은 프린트 하지 않고 휴대폰으로 보여줘도 무방하다. 원하는 좌석(창가, 복도)이 있다면 미리 말하고 탑승권(보딩패스)을 받은 후 영문명, 목적지를 확인 후 위탁 수하물이 X-ray 검사를 마칠 때까지 5분 정도 주변에서 기다리다가 출국장으로 이동한다.

수화물 위탁

항공사와 좌석 등급별로 적용되는 기준이 다르니 미리 홈페이지를 통해 확인하는 것이 좋다. 짐 분실에 대비해 이름, 주소, 전화번호, 목적지를 영문으로 작성하여 붙여 두어야 한다. 수하물 표Baggage Claim Tag는 위탁 수하물 분실 시 꼭 필요하니 짐을 찾기 전까지 반드시 보관해야 한다.

3. 보안 검색
기내 반입 제한 물품 검사를 위한 X-ray를 통과해야 한다. 두꺼운 옷과 벨트, 모든 소지품은 바구니에 넣고 안내에 따라 엑스레이를 통과하자. 간혹 기내 반입이 불가하여 소거되는 일이 있으니 미리 규정을 확인하는 것이 좋다.

4. 출국 심사
엑스레이를 통과하면 바로 보이는 심사대에 여권과 보딩패스를 제출 후 다시 받아서 통과하면 면세점이 나온다. 여행을 자주 다니거나 긴 줄을 서고 싶지 않다면 자동 출입국 심사를 이용할 수 있다.

5. 탑승구로 이동
면세점 구경하기
항공기를 탑승하는 게이트까지의 이동 시간을 확인 후 면세점을 구경한다. 인터넷 면세점에서 주문했다면 교환권 뒤에 안내된 인도장을 찾아가서 교환권을 제출하고 물품을 받을 수 있다.

탑승
인천국제공항 면세점은 굉장히 넓어서 넋놓고 구경하다가 비행기를 놓치는 사람들이 더러 있다. 게이트별 이동 소요 시간이 표지판에 명시되어 있으니 보딩패스에 적힌 시간보다 여유롭게 도착하는 것이 좋다.

공항에 가지 않아도 수속을 할 수 있다고?
서울역과 삼성동에 있는 도심공항터미널에서 수속을 마치면 인천 국제공항에서 전용 통로를 이용할 수 있어서 편리하다.

1) 서울역 도심공항터미널(공항철도 서울역 지하 2층)
당일 출발하는 국제선 항공편에 한해 탑승 수속, 수화물 위탁, 출국 심사를 할 수 있다. 수속이 가능한 항공사는 대한항공, 아시아나, 제주항공, 티웨이, 이스타항공이 있고 출발 3시간 전에는 수속을 마감해야 한다.

2) 삼성동 도심공항터미널(삼성동 코엑스 도심공항터미널)
1층에서 탑승 수속 후 2층 법무부 출국 심사 카운터에서 출국 심사를 받는다. 수속이 가능한 항공사는 대한항공, 아시아나, 제주항공 등 다수의 항공사가 있다. 심사를 마친 후, 2층에 위치한 공항 리무진 버스에 탑승할 수 있다.

신 짜오, 깜 언!
베트남어, 이것만은 알고 가자!

기본 인사

Xin chào.(씬 짜오)	안녕하세요.
Xin lỗi.(씬 로이)	실례합니다.
Cảm ơn.(깜 언)	감사합니다.
Xin lỗi(씬 로이)	죄송합니다.

공항에서

Hãy tích điểm dặm bay cho tôi.(하이 띡 디엠 잠 바이 쪼 또이)	마일리지를 적립해 주세요.
Nơi lấy hành lý gửi ở đâu ạ?(너이 러이 하잉 리 그이 어 더우 아?)	수하물 찾는 곳이 어디예요?
Tôi muốn xác nhận đặt chỗ.(또이 무온 싹 년 담 쪼)	예약을 확인하고 싶어요.

레스토랑에서

Emoi(엠어이)	직원
May gio mo cua hang?(머이 저 머 끄어 항?)	몇시에 오픈하나요?
May gio dong cua hang?(머이 저 동 끄어 항?)	몇시에 문을 닫나요?
Cho toi xem thuc don (쪼 또이 셈 특 던)	메뉴 주세요.
Không cho rau thơm. (콩 쪼 라우 텀)	고수 빼 주세요.
Ngon lam. (응온 람)	맛있어요.
Tinh tien. (띵띠엔)	계산서 주세요.
Goi lai cho toi. (거이 라이 쪼또이)	포장해 주세요.
muoi (므오이)	소금
duong (드엉)	설탕
nuoc (느억)	물
khanh nuoc (깐 느억)	물수건
Rau thơm (라우 텀)	고수
cay (까이)	맵다
lat (랏)	싱겁다
ngot (응옷)	달다
dang (당)	쓰다

쇼핑할 때

Giảm giá cho tôi. (잠 쟈 쪼 또이)	좀 깎아 주세요.
Cái này bao nhiêu? (까이 나이 바오 니에우?)	이건 얼마예요?
Đắt quá. (닷 꾸어)	비싸요.
Thanh toán bằng thẻ tín dụng được không? (타잉 똰 방 테 띤 중 드억 콩?)	신용 카드로 계산해도 되나요?
Tôi mặc thử được không? (또이 막 트 드억 콩?)	입어 봐도 될까요?

호텔에서

Tôi muốn nhận phòng. (또이 무언 년 퐁)	체크인하고 싶습니다.
Tôi muốn đặt phòng. (또이 무온 닷 퐁)	예약하고 싶습니다.
Tôi nhờ mang hành lý đến tận phòng. (또이 녀 망 하잉 리 덴 떤 퐁)	짐을 방까지 좀 부탁합니다.
Cho tôi phòng ở phía bờ biển. (쪼 또이 퐁 어 피어 버 비엔)	해변쪽 방으로 주세요.

마사지숍에서

mạnh (마안)	세게
nhẹ (네)	약하게
đau (다우)	아프다
nóng quá (농 꽈)	뜨겁다
lạnh (라잉)	춥다

숫자

Một (못)	1
hai (하이)	2
ba (바)	3
bốn (본)	4
năm (남)	5
sáu (사우)	6
bảy (바이)	7
tám (땀)	8
chín (찐)	9
muoi (므어이)	10

이지 city
다낭·호이안

2018년 7월 16일 초판 1쇄 발행
2018년 11월 21일 초판 2쇄 발행

지은이	양신혜
발행인	송민지
기획	강제능, 오대진
디자인	이정은
마케팅	신하영
경영지원	한창수
제작지원	이현상

발행처   도서출판 피그마리온
서울시 영등포구 선유로 55길 11, 4층
전화 02-516-3923
팩스 02-516-3921
이메일 books@easyand.co.kr
www.easyand.co.kr

브랜드   EASY ⑧ BOOKS
EASY&BOOKS는 도서출판 피그마리온의 여행 출판 브랜드입니다.

등록번호	제313-2011-71호
등록일자	2009년 1월 9일

ISBN 979-11-85831-56-5
ISBN 979-11-85831-17-6(세트)
정가 13,000원